国家社会科学基金"十二五"规划教育学青年课题（课题批准号：CBA140147）的主要成果之一

学前儿童自我控制与社会适应

梁宗保　张光珍　郑文明　著

知识产权出版社

全国百佳图书出版单位

——北 京——

图书在版编目（CIP）数据

学前儿童自我控制与社会适应/梁宗保，张光珍，郑文明著. —北京：知识产权出版社，2019.11

ISBN 978 - 7 - 5130 - 6556 - 6

Ⅰ.①学… Ⅱ.①梁… ②张… ③郑… Ⅲ.①学前儿童—自我控制 Ⅳ.①B844.12

中国版本图书馆 CIP 数据核字（2019）第 232905 号

责任编辑：常玉轩　　　　　　　　责任校对：潘凤越

封面设计：陶建胜　　　　　　　　责任印制：刘译文

学前儿童自我控制与社会适应

梁宗保　张光珍　郑文明　著

出版发行：知识产权出版社 有限责任公司	网　址：http：//www.ipph.cn
社　址：北京市海淀区气象路 50 号院	邮　编：100081
责编电话：010-82000860 转 8572	责编邮箱：changyuxuan08@163.com
发行电话：010 - 82000860 转 8101/8102	发行传真：010 - 82000893/82005070/82000270
印　刷：北京九州迅驰传媒文化有限公司	经　销：各大网上书店、新华书店及相关专业书店
开　本：787mm×1092mm 1/16	印　张：16
版　次：2019 年 11 月第 1 版	印　次：2019 年 11 月第 1 次印刷
字　数：245 千字	定　价：68.00 元

ISBN 978-7-5130-6556-6

序　言

　　面对环境适应和社会融入的压力，人类在自我觉知的基础上，逐渐出现了对思维、情绪和行为的约束和调控，这种自我控制能力的出现使得人类可以更加灵活地适应环境，可以根据环境的需要来调整自己的思维、情感和行为活动。自我控制使人类从幼稚走向成熟，由依赖走向独立，由感性走向理智。自从沃尔特·米歇尔（Walt Mischel）在 20 世纪 60 – 70 年代发展了延迟满足范式，对儿童自我控制进行了开创性的研究之后，自我控制的研究在全世界兴起，一直持续到现在，例如著名的新西兰达尼丁项目至今不断有重量级的研究成果产出。近年来，我国学者也对自我控制进行了比较系统的研究，发现了一些重要结果，包括我的研究团队对 200 多名儿童进行 20 多年追踪后提出的儿童自我控制力和主动性这"两颗种子"的理论，对认识我国儿童自我控制的发展以及教育培养起到了积极作用。本书著者中的梁宗保副教授和张光珍副教授曾经跟随我攻读博士研究生，他们即是我的研究团队成员，他们在自己研究基础上写成的本书，在研究方法的多样性、研究深度和聚焦点上，表现出以下突出特点：首先，本书主要聚焦于自我控制发展的关键期——学前阶段，对这一阶段自我控制发展变化规律的揭示对于自我控制的认识和培养更为精准。其次，本书的研究成果建立在多个样本基础上，既有横断样本，也有多个追踪样本，横断和追踪研究结果相互印证，结果更为翔实可靠。尤其是对多个样本长期追踪研究结果，更能说明自我控制的发展变化及其与社会适应结果的动态相互作用关系。第三，本书的研究成果在方法上采用了行为观察与问卷调查，数据来源也比较多样，数据的会聚效度更高。最后，本书是梁宗保博士研究团队一系列研究成果的综合体现。全书既包括了自我控制的理论与生理基础研究成果的梳理，也包括了自我控制发展规律、影响因素、与社会适应结果的相互作用、培养干预效果检验等实证研究内容。这说明了该书体系比较完善，系统研究和分析了学前阶段个体自我控制的发展规律及其在社会生活中的意义。本书可供儿童发展研究者、幼儿教育工作者以及广大家长学习和参考。作为梁宗保的导师，看到他在该领域有比较系统的研究成果感到十分欣慰，故此为序。

陈会昌

2019 年 11 月于北京学知园

前　言

身处信息爆炸、时间碎片化的网络信息时代，人类比以往任何时代都面临着更多的诱惑和不确定性，这就对个体的自控力提出了更高要求。无论将来从事何种工作，自律、坚韧的精神，灵活的应变能力都不可或缺。因此，如何从小培养儿童的自我控制能力已成为全社会关注的焦点。然而，要培养一种能力就势必要对这种能力的发展规律和影响因素有科学的认识和理解。出于对儿童自我控制发展的浓厚研究兴趣，作者在全国社会科学基金"十二五"规划教育学基金青年项目（CBA140147）的资助下，对学前阶段自我控制的理论、发展规律、影响因素以及干预实验开展了比较系统的研究，旨在厘清中国学前儿童自我控制发展的稳定性及变化规律，分析家庭和学校因素对儿童早期自我控制的影响作用，阐明儿童自我控制与社会适应之间的动态作用关系，探索学前阶段自我控制培养方法的有效性。

本书共八章。第一章主要梳理了自我控制的概念及相关理论，不但介绍了传统的自我控制理论，而且介绍了最新的神经科学关于自我控制的理论。第二章系统介绍了自我控制的神经生物基础，从皮层宏观尺度到微观分子遗传基础都有涉及。第三章总结了儿童自我控制的主要测量方法及操作过程。第四章通过实证研究阐述了我国学前儿童自我控制发展变化的规律。第五章通过实证研究分析了家庭抚养、师生关系等因素对自我控制的影响。第六章在梳理国内外自我控制培养干预的基础上，通过准实验对照设计，检验了自我控制干预方法的实际效果。第七章探讨了自我控制与社会适应的动态相互作用关系。第八章检验了自我控制的干预对社会适应的促进作用。本书可供儿童心理学与教育研究者、研究生、幼儿教育者以及广大家长学习和参考。

全书凝聚了课题组成员的心血与智慧。首先感谢陆祖宏教授、柯晓燕主任、邓慧华教授与宾夕法尼亚大学的陈欣银教授，纽约大学的 Hiro 教授、Niobe 教授发起的合作项目，你们的合作项目为本书的完成奠定了最初的研究基础。感谢张光珍博士数据编码分析、思想智慧方面的大力付出，感谢郑文明教授对研究和本书出版的鼎力支持，还要感谢我的学生杨雪莉、程佰健、夏敏，没有你们子课题的完成与睿智的付出，本书将难以完成。感谢知识产权出版社的常玉轩编辑，没有你的督促和鞭策，本书将难以快速完成。本书的研究成果更离不开那些可爱的孩子们以及他们的父母，同时也离不开国内外同行的前期研究成果，对此，我们也深表感谢。

古人云"十年磨一剑"，我们的积累还很浅薄，对于自我控制的认识非常有限，如有错误和疏漏，恭请专家、学者和读者们不吝指出，以便我们继续改进。

梁宗保

于东南大学四牌楼校区李文正楼

2019 年 11 月

目　录

第一章

儿童自我控制的概念及主要理论

从受本能冲动驱动，遵循快乐原则而寻求快速满足的新生儿到逐步学会为了长远目标而控制自我行为和情感的儿童青少年，自我控制能力的获得，在个体的成长中具有里程碑式的意义，它使人由"外控"转向"内控"，由"感性"转变为"理性"。自从美国心理学家 W. Mischel（Mischel, Ebbesen, 1970）在 20 世纪 60 ~ 70 年代对儿童自我控制做出开创性的研究以来，研究范围不断拓展，从认知、行为扩展到了气质、人格、情绪、神经机制以及教育干预等方面，同时也受到心理学、教育学以及神经科学等多学科研究者的持续关注。然而，对于自我控制的界定长期以来没有完全达成共识。这一方面与自我控制本身的复杂性有关，另一方面也与研究视角的不同密不可分。从早期精神分析学派的"自我"对"本我"情绪冲动的克制到后期的执行注意，研究者对自我控制的内涵和外延在不断地丰富和深化。本章主要对儿童自我控制的概念和主要理论进行梳理，以期为后续研究提供借鉴。

第一节 儿童自我控制概念的界定

一、西方关于自我控制概念的界定

目前东西方研究者使用众多术语来描述儿童的自我控制，如自我调节（self - regulation）、自我控制（self - control/ego control）、努力控制（effortful control，也有译作意志控制）、抑制控制（inhibitory control）、延迟满足（delay of gratification）、冲动性（impulsivity，常常把其反向记分作为自我控制的指标）、调控（regulation）等（Kopp, 1982; Mischel, Shoda, & Rodriguez, 1989; Eisenberg et al., 2010; Kochanska et al., 2000; Raikes, Robinson, Bradley, Raikes, & Ayoub, 2007; Rothbart, Sheese, Rueda, & Posner, 2011; Valiente et al., 2006; 张萍，梁宗保，陈会昌，张光珍，

2012；杨丽珠，王江洋，2007）。这些术语在文献中出现频率较高的是自我调节（self - regulation）、自我控制（self - control）、努力控制（effortful control）和延迟满足（delay of gratification）。西方研究者很少刻意去辨析相似术语之间的内涵差别，但从具体关注的内容来看，还是有一些细微的差别。相对来说，自我调节的含义更为宽泛，是指为了达到某个目标，调整或改变当前生理、情绪和行为状态以适应新的要求（Rothbart & Bates，2006；Rothbart, Posner, & Kieras, 2004）。自我控制是指为更长远的目标或价值，抑制当前的情绪与行为反应（Kopp，1982）。努力控制是指个体抑制一项优势反应，而去执行一项劣势反应的能力（Rothbart & Rueda，2005），比较强调个体主动发起的抑制或执行能力。延迟满足则是指为了更有价值的长远目标而放弃即时满足的一种选择倾向（Mischel, Shoda, & Rodriguez, 1989），一般也被认为是自我控制能力的表现。从这些比较常用的术语来看，其实质含义都是指儿童为了达成目标而对自身情绪与行为的管理能力。

二、国内对于自我控制概念的界定

在中国文化中，人们更习惯把管理或约束自己情绪与行为的过程称作自律。自我控制是一个舶来的概念，国内研究者在研究中更多借鉴了西方学者的定义。当然，也有部分学者在对儿童自我控制系统研究的基础上，提出了自己的见解。如杨丽珠等人对中国儿童的自我控制做了比较系统的研究，他们认为自我控制是个体对自身心理与行为的主动掌握，自觉地选择目标，在无外界监督的情况下，抑制冲动、抵制诱惑、延迟满足、控制自己的行为，从而保证目标实现的综合系统（杨丽珠，沈悦，2013）。这是一个非常综合的概念，涉及自我控制的多个方面，在国内学者中具有一定的代表性。陈伟民和桑标通过综述前人的研究，认为自我控制是指对优势反应的抑制和劣势反应的唤起（陈伟民，桑标，2002）。陈会昌等人比较赞同自我控制指对优势反应的抑制和劣势反应唤起能力的界定（陈会昌，阴军莉，张宏学，2005）。此外，张劲松认为自我控制指儿童根据外界的要求或刺激以及自我目标，运用策略进行调整，使自我在生理、认知、情绪、行为和社会交往几个方面回复稳定状态或达到预期状态的过程（张劲松，2006）。可见，国内比较有代表性的研究者都认为自我控制是指个体主动抑制本能或优势冲动，调控自我情绪、行为以及生理过程的能力。

三、本书中自我概念的含义

从气质或人格发展的角度去理解儿童自我控制是本书的着眼点。气质是指个体在反应性或自我调节方面具有生理基础的、稳定的个体差异（Rothbart & Bates，2006）。因此，自我控制是气质中自我调控的核心成分。但我们更加关注儿童为了达到长远目标而主动付出意志努力的自我控制，即努力控制，而并非不自主的反应性控制，如本能的冲动性、对危险刺激的回避、抑制和对奖励刺激的趋近行为等。个体在面对外界刺激时，对自我在生理、情绪和行为等方面的主动调控过程，或者付出意志努力的调控过程是努力控制的核心内涵。所以，我们沿用这一概念，但为了符合国内已经习惯的术语，我们也仍然把它叫作自我控制，而非努力控制或者意志控制，以免引起术语上的混乱。本书中的自我控制是指儿童主动抑制或克制优势反应，而去计划、执行劣势反应的能力。

第二节　儿童自我控制的相关理论

一、自我控制的早期理论

1. 哲学层面的观点

在哲学层面，哲学家们更多是以决定论和自由意志两个方面来论述人类的自我控制。持决定论的学派认为人的心理与行为是受某种力量所决定，人对行为的选择或控制仅仅是一种错觉，也就是说人类不能完全控制自己的心智与行为。如，托马斯·库恩认为意志仅仅是受理智决定的欲望的另一个称谓，上帝才是个体自由选择做什么的最终原因。休谟也不相信自由意志的存在，认为人们只有被虚幻的愿望迷惑了才相信自由意志的存在，自由意志是人们对虚幻愿望的一种错觉。人并不能由自由意志决定，而是由外在的不可知的某种力量所决定。而赞同自由意志的学派则认为人是有选择自由的，能够对自身的心理、情感和行为进行控制。例如，康德就认为："人类选择的行为，尽管事实上受冲动和刺激的影响，但并不由其所决定"。笛卡尔也赞同自由意志的存在，认为意志是人们选择的权力，有了意志才有了人类的自由，个体可以支配自己的行为。哲学上的决定论和自由意志争论的焦点实际上是人类是否能够主宰自己的命运。自从康德把人类主宰自己的命运的力量从上帝那里解放以后，人类对主宰自己的命运变得越来越自信。

2. 精神分析学派的观点

在心理学层面，以弗洛伊德为代表的精神分析学派对儿童的自我控制进行了较早的论述。精神分析学派认为人格由自我、本我和超我三部分构成。本我代表着人类先天的生物本能冲动或欲望，其遵循着快乐原则，寻求即时满足，在个体的早期支配着情绪和行为，居于主导作用。自我是在后续社会化的过程中出现的，其遵循着现实原则，即根据现实社会的要求和规则来行事，自我对追求享乐的生物本能冲动进行克制或调整，让其以符合社会期望的形式表达出来。社会期望和道德准则逐渐被个体内化以后就形成了超我。超我是一种理想的我，代表着内在的社会规则和道德。超我会对由本我经自我表达出来的情感和行为进行最后的审查，起着"守门员"的作用。个体的本能冲动或欲望必须得到释放和满足才能形成健康的人格，否则就会出现心理或精神健康问题，但本我的冲动必须以符合现实社会期望的形式表达出来，并且契合超我的监督要求。所以，个体的自我控制主要在于自我和超我成熟以后对本我的控制或调整。自我控制获得与发展过程则是个体由本我主导行事向自我和超我主导行事的转变。即象征社会现实要求的自我成熟和外部规则的内化是自我控制获得的标志。因此，儿童自我控制的发展就是要在社会化的基础上增强自我，使得自我能够抵制不符合现实的欲望冲动，调整冲动符合现实要求。

精神分析学派的后期追随者洛文格（Loevinger）则提出了自我发展与

冲动控制的理论。该理论认为冲动控制是自我发展过程中的非常重要的线索。冲动控制与个体认知等诸多心理品质的发展变化交织在一起，都展现在了自我的发展过程中。冲动控制的发展经历了六个阶段，第一个阶段是冲动阶段。该阶段的儿童缺乏对冲动的克制，不能理解社会规范和道德准则的内涵价值，其行为完全受奖赏而重复，受惩罚而克制。也就是说，处于冲动阶段的儿童，完全是趋利避害。第二个阶段是自我保护阶段。这时候儿童对规则有了初步理解，但对规则的遵从是为了得到现实利益，而并非道德上的考虑。即儿童遵从所理解的规则主要是为了避免自己陷入麻烦，而并非"心甘情愿"。第三个阶段是遵从者阶段。儿童能够根据规则来控制自己的情绪和行为，其对规则的遵从是为了免受社会和他人谴责。第四个阶段是良心阶段。该阶段儿童对规则已内化，儿童主要依靠内在规则对行为进行调节，而很少再需要外部权威或社会压力来督促自己的行为。个体的冲动失控时，能进行自我批评并伴有内疚的情感。第五个阶段是自主阶段。该阶段的儿童能应对内心的各种冲突，而且这一阶段冲突较多。因为儿童已经开始认识到在不伤害他人的情况下，表达冲动有时是能够接受，甚至必要的。第六个阶段是整合阶段。儿童开始协调个人需求与他人或社会需求之间的矛盾。洛文格关于自我控制的理论，本质上仍然认为人类的自我控制是自我的逐渐成熟对生物本能冲动逐渐约束或调整的过程，但其贡献在于阐明了自我控制发展的过程，并且进行了阶段划分，有利于人们理解自我控制心理机制的形成过程。

从精神分析学派的观点可以看出，儿童自我控制的形成和发展关键在于自我的增强，而自我的增强又取决于社会化的程度，社会化则是指社会现实或抚养者的要求。当自我强大到能够按照社会现实的要求来满足本能冲动要求，并能按照内在规范来约束本我时，则儿童就获得了自我控制。

3. 行为主义学派的观点

众所周知，从早期极端的行为主义研究者到后期温和行为主义学派，他们都认为环境塑造了人类几乎所有的行为。当然，自我控制的获得与发展也不例外。行为主义学派认为外部环境或规则是人格形成的主要原因。早期极端的行为主义甚至主张人类的行为习惯就是刺激与行为反应的简单联结。后期温和的行为主义研究者认识到早期过于强调刺激与反应之间的联结，把人类行为简单化的弊端之后，逐渐认识到内部认知因素的重要作用，因而修正了早期行为主义的观点，认为环境对个体施加刺激时，内部的认知过程也起到了重要作用。在众多的行为主义研究者中，对自我控制专门开展研究或论述的并不多。斯金纳是其中一位，他认为人类在主动向环境施加影响时，环境反馈的结果会增强或降低行为操纵的概率。即环境刺激会导致人类行为反应的概率。他认为自我控制实际上就是人类通过改变环境中的变量来促使自己某一反应发生的概率。自我控制就是一种产生于冲突情景中的结果，个体的某种反应会引发相互冲突的结果，例如，冲突的结果从短期来看是令人满意的，而从长期来看是不尽如人意的。也有可能冲突的结果从短期来看令人失望，而从长远来看会带来更大的奖赏。在众多冲突的情景中，个体需要根据结果来对冲突的环境做出改变进而控制自己的行为，惩罚和奖赏在其中起到了非常重要的作用。因此，他强调自我控制完全可以通过学习获得，社会对个体，以及个体对自身行为都能够控制。

后期温和的行主义者班杜拉则更关注人类的间接学习行为，认为儿童是在榜样的示范作用下塑造或调整自身行为的，强调了认知过程在个体观察榜样行为中的重要作用。榜样的行为实际上就是一种外部的示范和教化，个体在观察到榜样行为之后，对榜样行为的有效性及其后果进行评估后，再决定是否再现榜样的行为。如果榜样行为被社会环境所认可并被奖赏，那么就可能会被模仿，反之则不被模仿。某类行为被奖励或惩罚的价值信息使个体会对具体行为结果产生"期望"，这些期望逐渐成为个体观察模仿榜样行为的内在标准。当个体遇到类似的情境时就可以用这种内在的标准来调控自己的行为以及评估行为的有效性。个体在观察和评估自我与他人行为的过程中，逐渐认识到环境中哪些行为是被奖赏的，哪些行为是有价值的，这些行为价值的信息成为个体学习或模仿具体行为的一种内在期望，并形成了具体环境下适当行为的内在标准。个体根据这种内在标准去控制自己的行为，并且评估行为的有效性，如果自我的行为达到或者超越了这个标准，那么就会带来内部的奖励，即自我效能感。随着内在标准的提升，个体对自我行为的调控更多参照了内在标准，而外在奖励和惩罚所起的作用在逐渐降低。根据班杜拉的社会学习理论，自我控制的发展主要是形成自我行为参照的内在标准，一方面，行为参照的内在标准不断提高；另一方面，儿童根据内在标准来调控或控制自己的行为。两方面的提高促进了儿童自我控制的发展。自我控制是由行为、思维和环境相互作用的，个体能够形成内在的绩效标准或目标，并能对自我的行为进行独立的引导、评估和奖赏，这意味着自我控制的成熟。班杜拉认为自我控制过程可以分为三个循环的阶段，即自我观察、判断过程和自我反省。儿童把观察得到的行为信息与内在的绩效标准进行比较和评估，个体所依据的标准不同，则会导致不同的自我评价和自我反应，而自我激励或者惩罚反过来又会驱动对自我行为的控制。儿童过去参照绩效标准对行为控制的成功或失败经历会影响自我效能感的建立，而自我效能感则会影响个体对后续行为控制目标的确立以及付出努力的程度。

早期的精神分析学派与行为主义学派对自我控制都进行了分析或研究，但两个学派对自我控制的认识截然不同。精神分析理论从生物本能冲动的角度出发，认为个体生来的本能冲动必须要获得满足，但社会现实的期望不允许个体直接表现出本能冲动，而是要以社会期许的方式来获得满足，儿童逐渐把社会规则内化或自动化的过程就是自我控制获得的过程。早期的行为主义主张外部环境因素对个体行为的塑造，认为儿童根据刺激与反应之间的联结来自动化地表现出适宜的行为就是一种自我控制。后期温和的行为主义理论强调了认知的作用，儿童通过对直接行为或间接行为后果的价值判断而习得自我控制。可见，精神分析理论倡导的是一种无意识或本能决定论，行为主义主张的是环境决定论。

二、自我控制的新近理论

早期的心理学理论都是在更为广阔的人格理论或认知理论中对自我控制偶有论述和解释，而很少专门对自我控制进行系统的研究和论述。真正对自我控制进行比较系统的研究和论述的是近些年兴起的理论，尤其是以Mischel为代表的一批研究者用比较科学的实验方法推动了自我控制研究的热潮，使得自我控制成为一个相对独立的研究领域，先进技术和方法的普及和推广使得自我控制的理论不断深入和丰富。

1. Block 夫妇的自我控制与自我弹性理论

Block 夫妇从人格特质论的视角出发，对年幼儿童进行了长期追踪研究，他们认为儿童的自我控制（ego - control）和自我弹性（ego - resiliency）是一种比较稳定的人格特质。Block 夫妇借鉴吸收了勒温的心理场理论，认为不同的心理系统或心理场之间存在边界，个体的各种需要因边界而相互隔离。边界有通透性，这种通透性是为了保持或控制需要，不同的个体，其边界的通透性不同。他们认为各心理系统边界的通透性是一个连续体，处在两个极端的点被称为过度控制（over - control）和控制缺乏（under - control）。过度控制的个体由于心理系统的边界通透性较低，需要刺激反应的阈限较高，这类个体习惯于延迟满足，抑制自己的情绪和冲动，而控制缺乏的个体，则心理系统的边界通透性较高，刺激反应阈限低，比较冲动，缺乏自我控制，追求即刻满足。自我弹性则指的是边界的灵活性，边界根据需求的力量大小来改变通透性水平以及恢复到初始水平的能力。自我韧性同样也存在两个极端，一个极端是能够灵活适应环境变化并采取灵活的问题解决者，被称作自我灵活者（ego - resiliency）；另一个极端是指灵活性差，适应性弱，在遇到压力或变化时，行为固执并缺乏调整能力，被称作自我脆弱者（ego - brittleness）。

自我控制与自我弹性实质上是个体不同心理系统之间的一种转换能力，有的个体转换能力强且灵活性高，而有的个体转换能力弱且灵活性差。因此，Block 夫妇认为自我控制与自我弹性是一种比较稳定的人格特质，通过长期的追踪研究，Block 夫妇发现儿童从 3 岁到 11 岁，自我控制与自我弹性具有相对的稳定性，并且根据自我控制与自我弹性的不同水平，可以把儿童分为灵活—控制缺乏者、灵活—过度控制者、脆弱—控制缺乏者、脆弱—过度控制者四种类型。通过追踪研究，Block 夫妇发现儿童的自我控制与父母的人格或社会化行为有着密切关系。儿童的过度自控与强调秩序、保守和专制的家庭观念和教养行为呈正相关。自我控制能力较差的儿童，其家庭充满矛盾和冲突，父母的教养行为不一致，而且对儿童的纪律约束也很少，鲜有明确的要求。那些能够恰当抑制自己冲动而又适应良好的儿童，一般他们的家庭比较和谐，父母对其温暖且有耐心，在教养理念和行为上也比较一致。所以，父母的人格以及家庭的教养对儿童的自我控制具有重要的影响作用。

2. Kopp 的自我控制发生发展理论

Kopp 及其同事从生理、认知等多层面关注了婴幼儿自我控制的发生和发展过程。他们认为儿童的自我控制要经历神经生理调节期、感知运动调节阶段、控制阶段、自我控制阶段、自我调节阶段五个发展阶段，每个阶段在生理和认知等不同层面都有质的变化，上一阶段的质变为下一阶段的自我控制发展提供了基础与提高的可能。

第一个阶段是神经生理调节期。婴儿在刚出生的 2~3 个月内主要通过与生俱来的神经生理反射来躲避刺激（如闭眼）或自我安慰（如吮吸），当婴儿出现明显的昼夜交替唤醒水平后，婴儿就开始通过感知动作来调节输入的刺激水平。第二个阶段是感知运动调节阶段。该阶段的持续时间大约在 3 个月到 1 岁，婴儿主要根据外部刺激所带来的反应结果来进行感知觉和运动方面的调节，虽然这种调节带有一定的主动性，但并没有经过意识、动机的加工。该阶段的婴儿已经出现对预期事件的期待，并且会通过注视、翻身、吮吸、拍手等动作来主动寻找刺激，并且调整自身与环境刺激的关系。第三个阶段是控制阶段。该阶段从 1 岁多开始，持续到 2 岁左右。该阶段的儿童可以根据养育者要求来对自己的情绪、行为做相应的调整，他们可以根据成人的指令来发起、维持、调整或停止正在进行的活动，对成人的要求表现出顺从。但是，这一阶段儿童对情绪、行为的调整需要外部信号的持续存在或者指令的不断重复，否则，就不容易调整自己的情绪和行为。第四个阶段是自我控制阶段。儿童在 2~3 岁的时候表现了明显的自我控制行为，但仍然需要外部的大力帮助才能克制或调整自己的情绪和行为，说明其自身根据环境的要求调整行为的能力有限。该阶段的儿童出现了自我意识和自主性，出现了自我意识的情绪，能够主动地实施自己的行为，但是缺乏灵活性。第五个阶段为自我调节阶段。儿童在 3 岁以后进入真正的自我调控阶段，该阶段的儿童能够更加灵活地使用规则来指导自己的行为，能够长时间地克制冲动，并能对自己的行为进行监控，逐渐形成自己的期望标准。在 3 ~ 4 岁，儿童能够更好地应对冲突任务，但与成人相比，他们对冲突任务的解决在速度和准确性上仍然存在很大差距，但与 2 岁相比，已经表现出很大的进步。在冲动抑制和策略使用上也表现出明显的提高，他们能在延迟满足任务中等待更长的时间，而且在等待过程中使用转移注意、自我安慰等多种策略来减轻所面临的压力和焦虑。

总之，相比于其他理论，Kopp 的自我控制发生发展理论比较系统地阐述了个体从新生儿到学前阶段自我控制发生和发展的过程，并且指出了每个阶段发展的本质区别。对于人们理解自我控制发展的连续性具有非常重要的参考意义，这是其他理论所不能及的。虽然现有理论一致认为儿童自我控制在 1 岁后才真正出现，但自我控制并非突然而生，Kopp 的理论很好地弥补了这一间隙，使得人们认识到婴儿的一些反射性调节行为是后期自我控制发展的基础。此外，Kopp 的理论对自我控制的发展过程做出更为精细的区分，从自主动作的调整到灵活运用规则调整自己的行为，个体的自我控制在每个阶段都有质的飞跃，而并非一种模糊不清的发展。

3. Mischel 的认知－情绪双系统启动模型

Mischel 及其合作者 20 世纪 60 年代末开始在斯坦福大学附属幼儿园开启了闻名世界的棉花糖延迟满足实验。Mischel 等人通过对斯坦福大学附属幼儿园 4 岁儿童长期追踪的延迟满足实验研究，系统地考察了认知和情感成分在自我控制中所起的作用，并揭示了自我控制对个人生活方面所具有的重要意义（Mischel, Shoda, Rodriguez, 1989）。Mischel 设计了延迟满足的经典实验范式，在该实验范式中让儿童面对诱惑物（棉花糖）时做出两种选择，一种是儿童可以即刻满足，但只能得到很小的奖励；另一种是延迟一段时间满足，但可以获得更大的奖励。这种自我延迟满足情境对儿童来说是一种两难的选择，儿童在做出选择时要从时间和价值两个相互冲突的维度去考虑。如果儿童选择更有吸引力和更有价值的延迟礼物，就不得不面对诱惑去执行艰难的等待任务；如果选择了即时可获得的小奖励物，就得面对失去更大奖励的情况。延迟满足的能力体现了儿童为了长远的目标而甘愿放弃即时满足，并承受自我延迟满足所带来的压力过程，反映了儿童着眼于未来目标的自我控制能力。他认为儿童的自我控制行为以自我控制的动机和自我控制能力为基础，自我控制的动机是指儿童如何对情境中的信息以及由情境所引发的价值、信念、目标和情绪状态进行认知编码，自控动机的强弱会直接影响儿童做出情绪和行为调控的主动性，例如在延迟满足情境中会影响儿童做出即时满足的选择还是延迟满足的选择。然而，仅仅有自我控制的动机还远远不够，有人明确知道长远的目标会给自己带来更大的收益，但仍然无法做到延迟等待，有人明知吸烟有害健康，却无法戒烟；而有人为了美好的身材可以坚持低热量的饮食，也有人为了更大的目标而努力工作。这说明只有愿望是不行的，还需要有自我控制的能力。以往的人格特质论只能说明具有责任心的个体更容易对选择或承诺做出努力，但并没有说明人们在追求长远目标时，认知、情感和行为在其中发挥了什么作用，能够自控或不能自控的心理机制到底是什么。Mischel 认为自我控制能力的个体差异主要源于对目标的认知和注意机制。为了回答自我控制能力的发展机制以及个体差异的原因，他在长期实证研究的基础上提出了认知 – 情绪双系统启动模型。

认知 – 情绪双系统启动模型指出，个体自我控制的过程中有两个控制系统起作用，一个是冷系统，是指认知中的"知"系统，是一种缓慢启动且经过思考的，情绪居于中性、连贯、灵活、一致并且带有情景性和策略性的认知系统。该系统是专门用于解决复杂的时空和情景表征及认识的系统。另一个是热系统，热系统是以情绪为基础的"行"系统，起初对冲动性（喜好）和反射性（恐惧）的控制是通过本能释放的刺激来实现。热情绪系统是专门用于在无条件或以条件激发特征为基础的快速情绪过程和反应的系统（Metcalfe & Mischel，1999）。个体面对刺激时，首先启动的是热系统，热系统是一种反射性的，对刺激的加工简单，只需辨别刺激是威胁性或奖励性即可，特别容易受情绪，尤其是恐惧、偏好的左右，在很大程度上受外部刺激的控制，缺乏灵活性。热系统是在人类早期的进化历程中形成的，其对应的神经中枢是以杏仁核为中心的边缘系统。热系统的神经中枢在个体发展的早期就相对比较成熟。相对于热系统，冷系统启动比较缓慢，它要对刺激进行较为复杂的加工，其对应的神经中枢在前额叶，在个体出生一年后才开始缓慢发育，成熟相对较晚。因此，年幼儿童的行为反应比较冲动，缺乏控制，追求即时的满足。随着冷系统的逐渐成熟，儿童的行为反应逐渐由占优势的热系统向冷系统转变。当然，Mischel 认为人类自我控制能力的强弱并非完全取决于冷热系统哪一个居于主导地位，而是取决于冷热系统的动态交互作用所达到的平衡状态。在冷热系统中分别存在子成分，这些子成分被称作冷节点或热节点，冷热节点具有不同的数量和特点，相互之间存在不同的联结，冷热系统就是通过这些节点进行动态交互作用。热节点与对外输出的反应直接联结，热节点之间并不存在联结，因此受趋避模式所决定，对刺激的反应是直接而迅速的。冷系统内部的节点链接是比较复杂的，形成一个复杂的系统。对于外部刺激，冷系统通常不是直接趋避反应，而是通过语言或非语言的描述、判断和评估，在深思熟虑之后再做出反应。刺激对于热系统的激活会产生相关的情绪反应，而冷系统的激活则记录了刺激产生的背景和结果，并且与内部已有的概念和特征进行联结比较，同时进行自我反省和元认知。热节点和冷节点之间的相互联结对于冷热系统的交流和控制进行具有重要作用，冷热节点之间相互影响，如果热节点被激活后，与之相对应的冷节点也随之被激活，进而有助于个体获得控制机制。同样地，如果与冷节点关联的热节点被激活，则可能会激活热系统对刺激做出快速的反应。认知冷系统和情绪热系统受到发展、学习以及压力、人格等因素的影响，例如，长期暴露在压力环境下，会使个体的热系统频繁地启动，而冷系统会受到损耗，导致个体经常反射性地做出反应，而失去理性判断的机会和能力，会造成自我控制能力的损伤。

综上，认知 - 情绪的双系统启动假说阐述了儿童自我控制的心理机制，并且说明了自我控制发展变化的原因。随着神经影像技术的发展和认知神经科学的快速兴起，一些认知神经科学的研究结果也证明了该理论的部分假设。该理论对于儿童自我控制的研究具有重要的推动作用。

4. Posner 的注意调节模型

注意研究者 Posner 和气质研究者 Rothbart 都认识到了注意在自我控制

中的重要作用，他们从注意网络的角度对儿童的自我控制进行了阐释（Posner & Rothbart，2000）。神经科学的研究者通过大量的实验研究认为存在警觉、定向和执行注意的三个注意网络。警觉是个体为了加强对即将输入信息的敏感程度而保持的一种警醒状态。脑成像的研究表明警觉的脑区主要在顶叶和额叶区。定向是指将注意指向信号源。注意定向的神经网络主要集中在后顶叶、颞叶和眶额区。执行注意是指对信息的预期和监控，以及对反应冲突的解决。执行注意的脑区主要定位于外侧额叶和前扣带回。Posner 及其合作者认为个体对情绪和行为的调控能力依赖于注意网络的成熟和灵活。

　　婴儿在注意定向上的潜伏期和持续时间上的个体差异反映了早期应对刺激反应方面的差异，主要表现在婴儿对积极刺激的趋近和对威胁性刺激的回避。当感兴趣的刺激出现时，婴儿会表现出兴趣，并且会表现微笑或大笑；当婴儿面对恐惧或威胁性的刺激时会转移注意，注意的转移会缓解婴儿的消极情绪反应。注意定向在婴儿早期发挥了对刺激反应的调节作用。因此，注意定向与儿童的初级控制系统（即对恐惧抑制）有关。注意的警觉和定向基本上在婴儿出生时就表现出来了，而且对外源线索的警觉水平在儿童期已与成人水平相当。执行注意则在 1 岁末才开始出现直到青少年，甚至成年期才完全成熟。执行注意与注意的选择，抑制以及冲突的解决、错误的监控密切相关，脑成像的研究表明，前扣带回是执行注意的主要神经中枢，前扣带回与眶额皮质和边缘系统具有广泛的联结，该神经网络在个体的工作记忆、情绪、冲突监控与错误监控中发挥了重要作用。前扣带回的损伤会影响儿童或成人的自我控制能力，尤其是在社会情境中的自我控制（Anderson，Damasio & Tranel，2001）。从 2 岁到 7 岁，儿童的注意执行网络快速发展，其冲突解决、发现错误和抑制冲动的能力也随之增强。30 个月左右的儿童已经能够完成类似 Stroop 的任务以及空间冲突的按键任务，而 24 个月的儿童则不能完成这些任务。这些任务都需要儿童去关注一个信息，而忽略另一个相冲突的信息，对儿童发现冲突、抑制冲动的能力有较高的要求，这恰恰是执行注意所具备的功能。Posner 和 Rothbart，以及 Rueda 等人认为注意网络能够帮助个体在面对刺激时选择输入的信息，并且监控信息的冲突以及执行计划，其调节功能反映了个体的自我控制能力，尤其是执行注意网络的调节功能是儿童自我控制能力发展的关键。

5. Heatherton 的前额叶 - 皮质下平衡理论

Heatherton 等人分析了自我控制失败的原因，认为自我控制的成功与否并不是前额叶皮层与冲动对应皮层下脑区激活水平竞争导致的，而是自我控制对应的前额叶皮质对冲动对应皮质下脑区，主要是中脑边缘系统等脑区自上而下的调控不足或者调控受阻导致的。他们在此基础上发展了前额叶 - 皮质下平衡理论。该理论认为前额叶皮质与皮质下脑区应该相互制约，保持一种平衡。当个体面对奖励，如食物、金钱等刺激时，冲动对应的中脑多巴胺系统，尤其是伏隔核的激动水平明显增加，而前额叶主要负责对中脑多巴胺系统进行自上而下的调节，如果调节成功，则多巴胺系统的激活水平下降，而前额叶的激活水平上升，二者保持一个相对平衡的状态，个体在行为层面就会对奖励物的欲望或趋近水平降低。如果前额叶对中脑边缘系统的调节受阻或者不成功，那么中脑边缘系统的激活水平相对处于较高的水平，而前额叶的激活水平则较低，个体就会无节制追求奖励物。如果引发个体冲动的诱惑力过于强大，或者前额叶受损伤，甚至功能紊乱就会导致前额叶对皮质中脑边缘系统的自上而下的调节能力受阻或者不足，就会导致自我控制不足或者失控。

该理论主要在决策研究、情绪调节以及态度/偏见调节的研究中应用比较广泛，并且得到了许多实证数据的支持，但在儿童自我控制的发展方面并未进行详细的论述。从实质来看，该理论更多是从神经网络的角度来理解自我控制的机制，阐述更多的是自我控制的神经网络之间的调节关系，可以说是把 Mischel 的认知 - 情绪双系统模型从神经网络层次还原了。

上述五个新近理论是在 20 世纪 60 年代以后兴起的，相比于早期的宽泛理论，新近的理论更加聚焦于自我控制，其中大多数理论都是基于大量的实证研究结果，对自我控制的发生和发展过程以及影响因素做了精细的研究和阐释，有些理论从自我控制的神经生理层面阐述了自我控制的中枢神经机制，对于从多层面理解自我控制有巨大的推动作用。从这些理论的发展脉络来看，Block 夫妇的自我控制和自我弹性理论更加注重不同心理系统的转换以及早期经历的作用，而 Kopp 的理论更加注重自我控制发展连续性以及阶段性，Mischel 的双系统模型更加关注认知和情绪在自我控制发展过程中的作用机制以及二者的协调作用，Mischel 的理论对自我控制的本质理解更加透彻，而且有非常系统的实证结果来佐证。Posner 等人的注意调节理论则认为自我控制的本质是注意网络的调节功能，其实质是比较注重认知因素的作用。Heatherton 的前额叶 - 皮质下平衡理论则纯粹是从神经生理层面解析了自我控制的机制。由此可见，自我控制的实证研究，也是从"心理"分析层面逐渐转向了认知、情绪、注意等内部过程以及伴随着这些过程的神经生理活动，展现出精细化、多层次的特点。

本章参考文献

［1］Mischel, W., Ebbesen, E. B. (1970). Attention in delay of gratification. *Journal of Personality and Social Psychology*, 16 (2): 329 – 337.

［2］Kopp, C. B. (1982). Antecedents of self – regulation: A developmental perspective. *Developmental Psychology*, 18 (2): 199 – 214.

［3］Mischel, W., Shoda, Y., Rodriguez, M. L. (1989). Delay of gratification in children. *Science*, 244 (4907): 933 – 938.

［4］Eisenberg, N., Smith, C. L., & Spinrad, T. L. (2010). Effortful Control: Relations with Emotion Regulation, Adjustment, and Socialization in Childhood. In K. D. Vohs, Baumeister, R. F. (Ed.), *Handbook of self – regulation: Research, theory, and applications* (2nd ed., pp. 263 – 283). New York: The Guilford Press.

［5］Kochanska, G., Murray, K. T., & Harlan, E. T. (2000). Effortful control in early childhood: Continuity and change, antecedents, and implications for social development. *Developmental Psychology*, 36 (2), 220 – 232.

［6］Raikes,H. A., Robinson, J. L., Bradley, R. H., Raikes, H. H., & Ayoub, C. C. (2007). Developmental trends in self – regulation among low – income toddlers. *Social Development*, 16 (1), 128 – 149.

［7］Rothbart, M. K., Sheese, B. E., Rueda, M. R., & Posner, M. I. (2011). Developing Mechanisms of Self – Regulation in Early Life. *Emotion Review*, 3 (2), 207 – 213.

［8］ Valiente, C., Eisenberg, N., Spinrad, T. L., Reiser, M., Cumberland, A., Losoya, S. H., & Liew, J. (2006). Relations among mothers' expressivity, children's effortful control, and their problem behaviors: A four – year longitudinal study. *Emotion*, 6 (3), 459 –472.

［9］ 张萍, 梁宗保, 陈会昌, 张光珍. (2012). 2～11 岁儿童自我控制发展的稳定性与变化及其性别差异. 心理发展与教育, 28 (5), 463 –469.

［10］ 杨丽珠, 王江洋. (2007). 儿童 4 岁时自我延迟满足能力对其 9 岁时学校社会交往能力预期的追踪. 心理学报, 39 (4), 668 –678.

［11］ Rothbart, M. K., Posner, M. I., & Kieras, J. (2004). Temperament, Attention, and the Development of Self – Regulation. In R. F. Baumeister & K. D. Vohs (Ed.), *Handbook of self regulation: Research, theory, and application*. New York: Guilford Press.

［12］ Rothbart, M. K., & Bates, J. E. (2006). Temperament. In N. Eisenberg (Ed.). *Handbook of child psychology: Vol. 3. Social, emotional, and personality development* (6th ed., Vol. 3, pp. 105 –176). New York: Wiley.

［13］ Rothbart, M. K., & Rueda, M. R. (2005). The development of effortful control. In E. Awh U. Mayr, & S. Keele (Ed.), *Developing individuality in the human brain: A tribute to Michael I. Posner* (pp. 167 –188). Washington, D. C.: American Psychological Association.

［14］ 杨丽珠, 沈悦. (2013). 儿童自我控制的发展与促进. 合肥: 安徽教育出版社.

［15］ 陈伟民, 桑标. (2002). 儿童自我控制研究述评. 心理科学进展, 10 (1): 65 –70.

［16］ 陈会昌, 阴军莉, 张宏学. (2005). 2 岁儿童延迟性自我控制及家庭因素的相关研究. 心理科学, 28 (2): 285 –289.

［17］ 张劲松 (2006). 儿童的自我调控能力——评估、影响因素及其事件相关电位的研究. 博士学位论文, 华东师范大学.

［18］ 罗素 (Bertrand, Russell) 著, 马元德译. (2015). 西方哲学史. 北京: 商务印书馆.

［19］ 简·洛文特 (Loevinger, Jane) 著, 韦子木译. (1998). 自我的发展. 杭州: 浙江教育出版社, 263 –267.

［20］ Zimmerman, B. J., Kitsantas, A. (1997). Developmental Phases in self – regulated：Shifting from process to outcome goals. *Journal of Educational Psychology*，89（1），29 – 36.

［21］杨丽珠，沈悦．（2013）．儿童自我控制的发展与促进．合肥：安徽教育出版社，35 – 53.

［22］班杜拉（Albert Bandura）著，林颖等译．（2001）．思想和行动的社会基础——社会认知论．上海：华东师范大学出版社.

［23］Gifford，A.（2002）．Emotion and self – control. *Journal of Economic Behavior & Organization*，49（1），113 – 130.

［24］Mischel，W.，Ayduk，O.（2002）．Self – regulation in a cognitive – affective personality system：Attentional control in the service of the self. *Self and Identify*，1（2），113 – 120.

［25］Block，J. H.，& Block，J.（1980）．The role of ego – control and ego – resiliency in the organization of behavior. In W. A. Collins（Ed），*Minnestors Symposium on Child Psychology*，Vol. 13，39 – 101.

［26］Mischel，G.，Shoda，Y.，Rodriguez，M. L.（1989）．Delay of gratification in Children. *Science*，244（4907），933 – 938.

［27］Metcalfe，J.，Mischel，W.（1999）．A hot/cool – system analysis of delay of gratification：Dynamics of willpower. *Psychological Review*，106（1），3 – 19.

［28］Mischel，W.，Shoda，Y.（1995）．A cognitive – affective system theory of personality：Reconceptualizing situations，dispositions，dynamics，and invariance in personality structure. *Psychological Review*，102（2），246 – 268.

［29］冯缙．（2013）．自我控制的"前额叶 – 皮质下平衡理论". 心理学探新，33（3），205 – 208.

第二章

儿童自我控制的神经生理基础

脑科学的研究证明脑的发育与儿童自我控制的发展密切关联，前额叶及其联结网络被初步认定为自我控制的神经中枢，在婴幼儿期（0~3 岁）前额叶及其关联脑区的发育非常缓慢，因此，婴儿的自我控制能力非常弱，严重依赖父母或主要抚养者来帮助他们控制自己的情绪和行为。从 3 岁左右开始，前额叶及其关联脑区开始快速发育，儿童的自我控制能力也随之提高，表现出克制冲动，延迟等到奖励以及在任务间切换注意力的能力。但是，脑的发育并不完全遵从年龄，可能有自己内在的生物钟或者发育时间表，并且环境与遗传基因的动态交互作用不断塑造着脑。儿童早期的成长环境和经验对自我控制的相关脑区通路起到重要的塑造作用，积极的环境会增强不同脑区之间的联结，而不利的环境则会损伤或降低相关脑区通路的功能或效率。自我控制的发展离不开相关脑区之间的内在联结和信息的互通。自我控制存在稳定的个体差异，除了环境因素造成个体差异外，神经系统对自我控制的个体差异有什么样的影响，主要表现在哪些脑区，对教育培养或临床干预有什么样的启示，这些都是本章要论述的问题。

第一节　脑发育与自我控制的发展

1. 中枢神经系统的发育

从受精卵开始，人类中枢神经系统的发育经历了神经元生长、分化、迁移、髓鞘化和突触形成等几个过程。神经元的生长从怀孕第 3 周就已经开始，一直持续到新生儿出生。神经元在生长的同时也分化成功能不同的神经元以及神经胶质细胞。从孕期的第 10 周到 18 周，新生的神经元向自己所服务的脑区迁移，并且进一步分化。当各个脑区的神经元各归其位后，神经元之间要建立突触联结，为相互之间的信息传递和脑区之间的协同作用打好基础。神经元之间的联结要经历突触生长和髓鞘化两个过程。

突触的生长是指神经元之间的轴突末梢和突触末梢之间要形成相对稳定的突触间隙，突触的形成要经历突触生长和修剪。突触的生长更多依赖于基因的作用，但修剪则更多取决于环境的刺激和塑造。起初，神经元的轴突末梢和树突末梢之间形成数目巨大的突触，这些突触为人类适应环境做了各种可能的准备，因此，突触的生长数量可能会超出人类将来真正需求的量。这一过程依赖于人类长期的进化经验，通过基因的表达来完成。而婴儿出生后，面对环境的刺激和塑造，那些得不到刺激的突触就会被修剪掉，这一过程就是突触的修剪，主要依赖于后天生活的养育环境和教育。髓鞘化是指在神经元轴突外围包裹一层神经胶质细胞的过程，其作用是避免神经元之间在传递信息时相互干扰，加快神经元之间信息互通的效率。一般来说，足月新生儿的大脑皮层稀薄，面积也只有成人大脑皮层的1/3。突触的形成和髓鞘化大概开始于第二个阶段末尾或第三个阶段初期（孕期7~8个月），并且一直持续到青少年期。在整个童年期，大脑不同区域的皮层厚度的发展变化有两个过程，一个是由于神经元树突的扩展和体细胞的增大而导致的灰质厚度的增加，另一个是髓鞘化过程导致的皮层灰质厚度增加。当然，灰质的厚度并非一直是变厚，而是在童年期厚度增加，而到了青少年晚期或成人期，厚度再度变薄。

2. 自我控制的相关脑区

人脑与猴脑的最大区别就在于人类的前额叶皮层的面积要远远大于猴脑。前额叶在人类的注意、计划组织、遵从规则、推理、控制冲动、决策等高级心理活动中发挥着重要作用（Casey et al.，1997）。此外，个体在完成与延迟奖励等相关的任务过程中，眶额皮质也会被明显激活，说明眶额皮层在个体克制冲动、抵制诱惑和选择奖赏物的决策方面起着调节作用。虽然大多数儿童很清楚如果能够坚持更长的等待就会收获更大的奖励，但是一旦诱惑物出现在他们面前时，往往理智就会被欲望的情绪打败，很快就会放弃等待而寻求立即满足。也就是说有理性的认知还远远不够，儿童还必须要能平衡理性认知与情绪冲动，对来自理性的认知与情绪渴望的信息进行整合调节，这种"热"情绪系统和"冷"认知系统的平衡与前扣带回的成熟密切相关。前扣带回位于皮层与深部情绪中枢（边缘系统）的中间，前扣带回接受来自大脑很多区域的投射信息，并且把投射的信息进行整合，调节着认知和情绪信息的加工（Zelazo et al.，2008）。从3岁左右开始，前扣带回前段的激活明显增加，大量接受来自前额叶皮层的信息，变得比较活跃，随之而来的是儿童延迟奖赏的能力和抑制冲动的能力迅速提高（Posner & Rothbart，2000）。

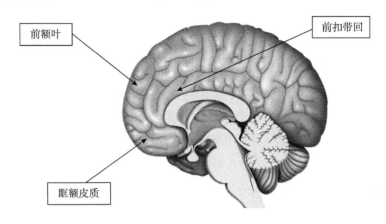

图 2 - 1　自我控制相关脑区示意图

第二节　前额叶系统与自我控制

1. 前额叶系统的突触形成与髓鞘化

　　大量来自啮齿类和灵长类动物的研究表明，神经元树突、轴突及其旁系的突触生长最初是过度发育，也就是说远远超出了成年以后正常需要的突触数量。在童年期的发育过程中，过量的突触会被逐步修剪掉。人类前额叶，尤其额中回区域的突触修剪开始得相对比较晚，基本听觉皮层的突触修剪的高峰在 3 个月左右，而额中回的突触修剪高峰要到 3.5 岁。Huttenlocher 和 Dabholkar（1997）的研究表明，人类基本听觉皮层的突触修剪要到 12 岁左右才全部完成，而额中回皮层的突触修剪直到青少年中期（17 ~ 18 岁）才能完成。大脑皮层突触密度的升高或降低与皮层葡萄糖的代谢变化是相辅相成的，葡萄糖代谢量的增加说明该皮层区域的突触生长或修剪快速进行，而代谢量的降低则说明该皮层区域的突触活动减弱。新生儿出生后，除了感知觉皮层的葡萄糖代谢较高外，其他脑区的葡萄糖代谢都相对较低，从出生后 3 个月开始，顶叶、枕叶以及颞叶皮层的葡萄糖代谢量开始增加，前额叶皮层区域的葡萄糖代谢量则从 8 个多月才开始迅速增加，这说明前额叶皮层的突触修剪最早是从 8 个月左右开始（Chugani & Phelps, 1986; Berger, Kofman, Livneh, & Henik, 2007）。结合行为学的研究，有证据表明出生第一年后期，也就是婴儿大约在 8、9 个月抑制优势反应的能力开始提高，他们能够完成即 A 非 B 的任务，该任务需要婴儿抑制之前的反应优势，从之前没有出现过的一个位置去搜索玩具（Luciana, 2003）。这些证据都表明，前额叶皮层突触的生长和修剪是从婴儿期 8 个月左右开始的，因此，婴儿对冲动的抑制能力是从出生第一年后半段才开始发展。到目前位置，尚未有精确的证据表明，前额叶皮层的突触生长和修剪与具体的儿童自我控制行为的关联性，但是来自神经心理学的研究初步认为，至少在一些执行功能任务上，例如搭建汉诺塔、词语流畅性以及动作序列任务等，10 ～ 12 岁儿童表现出的能力水平已经与成人没有多少差异，与此对应的是，青少年期的突触密度也开始下降。

除了突触的生长和修剪之外，髓鞘化也是大脑皮层发育的一个重要过程。大脑的髓鞘化从胎儿期第 8 个月左右就开始，从整个大脑皮层来说，髓鞘化的顺序是从脑的后部逐渐向前部移动，这一过程一直从胎儿期持续到青少年期，甚至成年早期（Paus et al., 1999）。大脑皮层髓鞘化过程伴随的一个明显指标就是灰质厚度的变化，5 ～ 11 岁，整个大脑皮层灰质开始明显变厚，但这种灰质厚度的增加并非整齐划一的，而是不同的脑区皮层厚度的增加有先后顺序，基本的感知运动皮层厚度的明显增加出现在 4 岁到 8 岁，负责空间定位和部分语言功能的顶叶皮层厚度的增加出现在 11 ～ 13 岁，而前额叶系统的皮层厚度增加到青少年期中期和晚期才变得比较明显。研究表明，左半球腹背侧前额叶，额顶区域的皮层厚度的增加与儿童的词汇流畅性密切关联（Sowell et. al., 2004）。

大脑皮层厚度的增加主要是由于神经元轴突髓鞘化导致的，弥散张量成像的神经影像学证据基本上都证实了这一点，突触的形成为各个脑区的信息传递建立了网络，而髓鞘化的逐渐完成则为不同脑区皮层之间的信息传递排除了"干扰"。皮层厚度增加的先后顺序反映了髓鞘化优先级，从现有的研究证据来看，大脑皮层的髓鞘化是从顶叶开始，逐渐从后端向前端进行，从胎儿期一直持续到了青少年晚期。与儿童自我控制能力密切相关的前额叶的髓鞘化是从 5 岁左右开始一直持续到青少年晚期。

2. 前额叶系统的功能联通

如果仅仅在结构层面发育完善，脑区之间如果没有建立起相应的协同工作网络，那么个体的心智和行为功能就无从谈起。大脑发育的连通模型认为，人类心智和行为功能的成熟是脑区之间链接网络形成的必然结果（Johnson，2003）。在完成同样或类似的任务时，婴幼儿大脑皮层的很多脑区都会被激活，而成人脑区的激活数量则明显较少，这在一定程度上说明皮层内部的通路还尚未完全建立起来，未形成高效协同工作的神经网络。例如，神经语言学的研究表明，儿童在完成口语任务时，最初激活了大范围的皮层区域，但是随着儿童词汇能力的增强，年长儿童在完成相似的口语任务时，激活的脑区主要集中在颞叶皮层（Neville & Bavelier，2002）。同样的，在儿童开始获得自我控制行为时，前额叶皮层激活的区域很广泛，而在自我控制能力获得后，前额叶皮层激活的区域比较集中。成人在学习一项新技能时也发现了类似的现象，当成人学习一项新的技能时，激活的脑区范围比较广，但当这项技能掌握以后，并且熟练自如时，激活的脑区比较集中且非常稳定。通过对儿童与成人在完成侧抑制任务（flanker）时的大脑激活情况比较发现，成人在抑制与目标刺激相关的干扰能力时，激活的是右半球额顶神经网络，而儿童（8~12 岁）则激活的是左半球前额叶区域和脑岛区域。同样，在比较同龄儿童的不同反应抑制能力时发现，反应抑制能力较强的儿童所激活的左半球前额叶区域明显要小于反应抑制能力较弱的同龄人（Chugani & Phelps，1986；Berger，Kofman，Livneh，& Henik，2007）。注意控制是自我控制的核心成分，对注意控制的发展认知神经科学研究也发现，从 5 岁 3 个月到 16 岁，儿童完成注意控制任务的成绩与其前扣带回激活的面积显著相关（Casey et al.，1997）。

从心智层面来说，对某一项技能的数量，最初的学习阶段需要个体耗费大量的注意、记忆以及监控等心理资源，随着技能的获得和熟练，个体在使用该技能时，耗费的相应心理资源减少，直到技能完全自动化以后，占用的心理资源变得更少。这也从另一个侧面说明，儿童在获得某一项能力或者学习某一项技能的最初阶段，需要众多心智过程的参与，而这些心智能力对应的脑区也要相应地发挥作用。来自弥散张量成像的研究结果也支持了大脑功能联结由繁到简的观点。在测量前额叶 – 纹状体轴的弥散张量成像研究中发现，随着前额叶 – 纹状体轴皮层区域的髓鞘化程度增加，儿童和成年人完成"执行 – 不执行"任务（go/no go）时，成人和儿童在面对"执行"的刺激时反应时都很快，并没有明显的差异，但在面对"不执行"的刺激时，儿童比成人的反应明显要慢，这说明在执行低冲突的"执行"任务时，成年人和儿童在反应速度上并不存在差异，而在执行高冲突的"不执行"任务时，儿童的反应速度要明显逊色于成人。与此对应的是，反应时间与弥散张量呈正比，而在"不执行"任务中的准确性与弥散张量呈反比。这说明前额叶 – 纹状体轴的联结程度促进了个体在高冲突任务中的成绩。前额叶与纹状体之间的功能联结越稳定，方式越简洁，则个体在解决冲突任务时能够更好地抑制习惯性反应，而执行不习惯的反应。由此可以推测，前额叶皮层与其他皮层以及皮层下结构联结的稳定和成熟，对个体自我控制能力的发展起到了基础性的生理支撑作用。不仅来自脑成像的研究证实了这个结论，来自大脑电生理的研究也证明了这一点，Bell 和 Fox（1994）进行的追踪研究表明，婴儿在第一年中后期的脑电波的波形特征，尤其是在前额叶和顶叶的 α 脑电波与后期婴儿在面对母亲的情绪表达以及亲子分离时的情绪调控能力有关。

综上所述，儿童自我控制的发展与其神经生理基础的结构和功能完善密不可分。自我控制能力的提高依赖于对应脑区的突触形成和修剪、髓鞘化以及脑区系统的功能联结稳定化、精简化。但是，由于研究水平和技术手段的限制，目前还无法比较精细地确定自我控制行为与前额叶系统结构和功能之间的一一对应关系。因此，目前只能笼统地知道自我控制与前额叶系统的发育之间存在对应关系，但无法明确二者究竟是怎么样的一种对应关系。这既受制于生理技术的限制，也受制于人们无法阶梯式地分解自我控制的内在过程。希望在将来能够更好地揭示二者的映射关系。

3. 神经递质与自我控制

神经递质的种类众多，对人类行为的影响非常复杂，二者并非一种简单的因果对应关系。因此，到目前为止，神经递质对人类自我控制行为的影响还没有明确的结论。现有的一些研究也仅仅发现了某些神经递质与自我控制行为关联，但无法说明二者之间准确的因果关系机制。从当前的研究来看，神经递质几乎都是以间接的方式对个体行为产生影响。一方面，在中枢神经系统发育的过程中，神经递质对其结构和功能起到重要的调节作用，大量动物实验研究的结果表明，神经递质调节着大脑发育过程中的结构和功能表达。另一方面，遗传基因结构方面的差异会导致神经递质的活性和调控能力存在差别，进而导致个体行为表现的差异。

在胚胎期，啮齿类动物大脑内的神经递质含量浓度要远远高于成年个体，这说明神经递质在大脑发育过程中起着重要的调节作用，而成年个体的大脑发育已经成熟，神经递质的调节作用减弱。孕期长期暴露在药物、压力和营养不良环境中的啮齿类动物，其胎儿的大脑发育会受到严重的损伤。目前已发现乙酰胆碱和乙酰胆碱酯酶对维持神经元的生长与突触的形成具有重要的作用，如果二者在大脑发育过程中的浓度过低或过高都会造成大脑发育的问题（Hohmann，2003）。有研究表明，基底前脑中的类胆碱（cholinergic）的投射会影响神经元树突的分枝和细胞结构（Villabos et al.，2000；Zhu et al.，2002）。这说明类胆碱神经递质对神经元的结构发育具有重要的调节作用，尽管神经递质可能不会直接作用于个体行为，但会通过影响中枢神经系统的结构，进而影响中枢神经系统的功能，从而导致个体行为的变化。

此外，胺类神经递质在个体脑的发育过程中也起着重要作用。位于大脑中缝核的 5-羟色胺神经元遭受神经性毒害后会导致中脑多巴胺神经元在皮层分布的增加，说明神经递质之间也会相互起着调节作用。5-羟色胺不但会影响 γ 氨基丁酸的形态和延缓皮层中中间神经元 γ 氨基丁酸合成的时间，并且在神经元的生长、迁移和突触重塑和树突生长过程中必不可少（Whitaker–Azmitia, 2001）。此外，也有研究发现去甲肾上腺素和谷氨酸盐在大脑皮层的发育中也起着重要作用，二者分别在单眼线索的神经突触重塑过程（Gu, 2002）、神经形成以及径向神经胶质细胞的定位方面具有重要调节作用，会导致神经元的迁移异常（Matsugami et al., 2006）。可见，神经递质系统在中枢神经系统的形成过程中发挥着重要的调节作用，对大脑结构的发育以及功能的表达具有重要作用。

自我控制是一个复杂的心理过程，目前可能并没有研究直接关注神经递质与自我控制的关联，但一些研究关注了注意控制或执行注意与神经递质的关系。例如，有研究发现多巴胺是注意控制的一种重要调节剂，多巴胺浓度的变化影响注意执行网络的效能（Fan, McCandliss, Sommer, Raz, Posner, 2002）。儿茶酚胺氧位甲基转移酶（catechol–o–methyltransferase）与冲突任务的解决能力存在关联（Diamond, Briand, Fossella, Gehlbach, 2005），儿茶酚胺氧位甲基转移酶对神经元外围的多巴胺具有代谢作用，酶的活性越高，对多巴胺的代谢效率越高，因为多巴胺浓度过高会导致个体产生兴奋，甚至亢奋。另外，5–羟色胺与执行注意也密切相关（Posner, Rothbart, & Sheese, 2007），5–羟色胺是一种抑制剂，如果含量过高会导致个体情绪低落以及退缩、注意范围狭窄等问题。由此可见，神经递质不仅在大脑发育过程中对大脑结构的形成和功能可塑性方面起着调节作用，从而间接影响个体的自我控制行为，而且通过在中枢神经系统的表达以及相互作用完成对行为的调控。

第三节　遗传与自我控制

1. 来自量化行为遗传学的证据

20世纪80～90年代，西方兴起了人类行为遗传学的研究。行为遗传学主要通过双生子研究、收养研究以及家庭研究关注遗传与环境因素对个体行为差异的影响。通过比较同卵双生子与异卵双生子，养子女与养父母，养子女与亲生父母在认知能力、人格特征等方面的相似性，行为遗传学发现遗传可以解释人类的诸多行为和心理品质的变异。行为遗传学的重要意义在于平息了长期以来人们关于天性与教养哪一个更重要的争论，使得人们认识到遗传和环境的相互作用共同塑造了人类行为的差异。

儿童自我控制的遗传学研究源自气质或人格研究。由于理论上普遍认为儿童气质具有遗传基础，因此，西方研究者在其发起的数个双生子研究项目中对儿童的气质进行了关注。路易斯维尔双生子追踪研究、科罗拉多收养项目等大型研究项目均表明遗传对儿童早期气质有重要的影响作用，遗传大约可以解释气质表型方差变异的 20% ~ 60%，同卵双生子在情绪性、活动性水平、害羞、社交性、注意持久性、接近、沮丧上比异卵双生子更具相似性，异卵双生子在这些气质特征上的相似性也略高于普通兄弟姐妹（Saudino，2005；Gagne，Vendlinski，& Goldsmith，2009）。同时，量化行为遗传学的研究也发现环境因素，尤其是非共享环境对个体气质具有重要影响。家庭研究（收养研究）的结果表明，共享环境对气质表型变异的解释率很低，几乎可以忽略，而非共享环境则可以解释较多的气质表型变异，即环境对气质的影响是以非共享的形式展开的，它使得同一家庭成长的儿童彼此不同（Saudino，2005；Spengler，Gottschling，& Spinath，2012）。

后起的气质理论认为自我控制也是儿童气质的一个重要特质，后来的量化行为遗传学对儿童的自我控制进行了分析，例如，威斯康星双生子追踪研究发现，遗传因素能够解释68% ~ 79%的父母报告的儿童自我控制的表型变异，而对观察到的注意控制（自我控制的核心成分）表型变异的解释率高达83%，而共享环境对自我控制的影响几乎不存在。此外，该研究还发现在多信息来源的数据（父母报告、行为观察）中，自我控制对外显、内隐行为问题的长期和即时预测关系都成立，而且遗传因素可以显著地解释自我控制与问题行为的协方差变异（Lemery - Chalfant，Doelger，& Goldsmith，2008）。有研究通过对 291 名 24 个月的同性别同卵双生子的研究发现，抑制控制（父母报告与实验室评价）与外显问题行为、注意缺陷障碍（父母报告）具有非常显著的表型变异相关，其相关系数介于 - 0.13 ~ 0.57，而且多变量分析的结果表明抑制控制与问题行为之间的协方差变异可以由共同的遗传因素来解释，遗传相关介于 - 0. 30 ~ - 0. 74。这说明儿童的自我控制和问题行为可能具有相同的遗传病因学基础。此外，Yama-gata 等人（2005）在日本进行的儿童青少年和成人的双生子研究发现，遗传因素可以解释儿童自我控制总量表分数 49% 的变异，而对各分量表分数变异的解释率也达到了 32% ~45%。这说明个体的自我控制具有较强的遗传基础。但是，这并不能说明环境对其影响就不重要，遗传因素无法解释的变异可能只能归因于环境或者环境与遗传的交互作用。

虽然量化行为遗传学研究间接证明了个体意志控制与问题行为受遗传影响，但无法确认到底是哪些遗传基因对二者产生影响。分子遗传学的兴起使得人们开始关注遗传基因对个体人格或气质的作用机制。分子遗传学能够从更加微观的层面探讨个体复杂行为性状的遗传基础，以及遗传基因与环境对个体复杂行为性状的交互作用。

2. 来自分子遗传学的证据

分子遗传学的兴起和基因提取、测序技术的大幅提高，如高通量、DNA 池（即多个样品一次性 PCR）等技术手段的出现，显著降低了对复杂行为性状与相关基因位点建立关联的成本。这使得对人类复杂行为性状与候选基因的关联或交互研究更为容易（Moffitt, Caspi, & Rutter, 2006）。所以，筛选影响儿童自我控制的候选基因，探讨基因与环境对其交互影响成为可能。

在人类行为的分子遗传学研究中，神经递质基因及其传导通路相关的基因（如受体基因、转运体基因）是首要候选基因。神经递质及其传导通路上的相关基因通过释放不同的化学信息，控制着神经递质的合成、降解和传导，而神经递质则是个体行为和心理活动的调节剂（Naumova, Lee, Rychkov, & Vlasova, 2013）。个体在神经调节系统上的差异，尤其是大脑中 5 - 羟色胺系统与多巴胺系统的活性可以解释人格特质或气质的差异。目前已经初步发现与人格或气质关联较为紧密的神经递质系统分别为多巴胺受体系统（如 DRD4，DRD2，DRD3）、儿茶酚胺氧位甲基转移酶（cate-chol - o - methyltransferase, COMT）、5 - 羟色胺转运体系统及降解单胺类的氧化酶（如 Monoamine neurotransmitters dopamine）、色胺酸羟化酶

（Tryptophan Hydroxylase，TPH）等（张明浩，陈欣银，陆祖宏，2010）。

多巴胺是适应性行为、情绪、动机以及注意等行为活动的一种重要调节剂。多巴胺参与了环境刺激下或与环境刺激有关的动作、情绪、荷尔蒙分泌、强化、奖励以及长期动机状态的调节。这些调节作用通过大脑中的黑质纹状体多巴胺系统、中脑边缘皮层系统和胸腺系统三种系统中的多巴胺能实现（Naumova，Lee，Rychkov，& Vlasova，2013）。多巴胺通过特定的受体（目前被分为五种，从 D1 到 D5）来调节三个系统的运行。

绝大多数的 5-羟色胺神经元分布在中缝核及其细胞核组间的链接处。5-羟色胺中缝核在行为控制、情绪调节，以及情绪障碍中发挥着独特作用。5-羟色胺在合成通路中的变化可能是一些心理障碍的发病机理，较低的 5-羟色胺活性与抑郁和消极情感相关（Rujescu et al.，2003）。迄今为止，已知的 5-羟色胺受体亚类型可以分为七个谱系，最大的是 5HT1-谱系，有五个受体亚类型，分别被命名为 5HT1A-F。

同样，自我控制的分子遗传学研究也始于成人人格和儿童气质。最早的一项研究来自对成人人格与多巴胺受体基因的关联。Benjamin 等人（1996）与 Ebstein 等人（1996）最先探讨了成人人格与特定候选基因多态性之间的关联，他们的研究表明成年个体的新异寻求（novelty seeking）与其多巴胺 D4 受体基因多态性（DRD4，多巴胺 D4 受体位于人类第 11 号染色体短臂 15 区 5 带，DRD4 基因第三外显子上的 48b 重复是该基因最常见的多态性，可出现 2~8 次的重复）存在关联，DRD4 等位基因重复片段较长的个体，其新异寻求的得分明显低于 DRD4 等位基因重复片段较短的个体。研究发现 5-HTTLPR（五羟色胺转运体启动子区多态性，5-HTT 基因位于 17 号染色体长臂，有四种基因多态性，5-HTTLPR 是 5-HTT 启动子区缺失/插入多态性）与伤害回避（harm avoidance）间存在关联（Lesch et al.，1996），5-HTTLPR 长重复序列的个体其伤害回避的得分明显高于 5-HTTLPR 短重复序列的个体。

在儿童气质的分子遗传学研究中，气质反应性系统的特质首先得到了关注，如情绪性、行为抑制性、害羞行为等。有研究探索了多巴胺 D4 受体第三外显子重复序列（Dopamine D4 exon Ⅲ repeat，DRD4）和 5-HT-

TLPR 基因多态性与 2 个月婴儿气质的关联，结果发现具有 DRD4 长等位基因的婴儿在消极情绪性、受限后沮丧上的得分要明显低于 DRD4 短等位基因的新生儿。相反，纯合体 5 - HTTLPR 短等位基因（s/s）的新生儿在消极情绪性、受限后沮丧上的得分要明显高于在该基因上两段等位基因一长一短或两段都较长的新生儿（Auerbach et al. , 1999）。后来，研究者开始关注自我控制等气质调控系统的特点。脑成像的研究发现个体自我调控系统的相应脑区定位于前扣带回皮层和腹侧前额叶区域，这些脑区在个体出生后的第二年才开始逐渐发育，一直持续到青少年期，甚至成人期，学步期到学龄前期是儿童自我控制发展的关键期（Posner , Rothbart et al. , 2007）。Kochanska 等人（Kochanska, Philibert, & Barry, 2009）的研究发现，虽然 5 - HTTLPR 基因多态性在自我控制上的主效应不显著，但其与母子依恋关系对自我控制具有显著交互作用，从 25 个月到 52 个月，携带 5 - HTTLPR 短等位基因的个体，不安全的母子依恋关系会降低儿童自我控制能力，而对于携 5 - HTTLPR 长等位基因的个体来说，安全的依恋关系会促进儿童自我控制的能力。另一项研究也发现 DRD4 基因多态性调节着父母养育与 3 岁儿童自我控制能力的关系，DRD4 等位基因重复 7 次的个体，消极的父母养育与儿童自我控制负相关，而 DRD4 等位基因重复低于 7 次的个体，消极的父母养育与其自我控制无显著相关（Smith et al. , 2012）。可见，多巴胺系统、5 - 羟色胺系统的基因多态性与父母养育等近端环境因素对儿童自我控制具有交互影响。

研究除了继续查明与特定气质特质相关联的候选基因之外，基因多态性与环境对儿童早期气质或人格的交互作用已成为研究者关注的热点问题。Caspi 所领导的研究团队（2002）进行了开创性的工作，他们通过一项长达二十多年的追踪研究，发现 5 - HTTLPR 基因多态性调节着生活压力对个体抑郁的影响，在同样水平的生活压力事件下，5 - HTTLPR 等位基因重复一次或两次的个体，其抑郁症状、确诊病例，以及自杀倾向要明显高于 5 - HTTLPR 等位基因重复序列较长的个体。在另一项研究中，MAOA 基因表达水平较高的个体，其在长期受虐的环境中表现出来的反社会行为较少，而低 MAOA 基因表达水平个体的反社会行为则没有明显变化（Caspi et al. ，2003）。在对儿童自我控制的研究中，新近的几项研究也发现了近端环境因素，如父母养育、母子依恋关系等与多巴胺和 5 - 羟色胺系统基因多态性的交互影响作用。这些研究结果说明不同基因型的个体可能对环境的易感性或敏感性不同，同样面对不利的环境因素，有些基因型的个体对环境可能存在某种"免疫"作用，而有些基因型的个体可能对不利环境因素更加敏感，从而对个体的气质产生累加作用。这也从另一个侧面说明了基因对人类行为的影响可能只有放在环境中才能得以体现。

3. 探索性研究结果

前文主要介绍了西方研究者关于儿童气质或人格与神经递质基因或神经递质传导通路上基因多态性之间的关联，以及基因与环境之间交互作用的研究成果。自我控制作为气质自我调控系统的核心成分，自然也受到了研究者们的重视。尽管儿童自我控制的分子遗传学在西方开展得如火如荼，但国内这方面的研究才刚刚起步。笔者的团队也尝试着进行了一项儿童自我控制的分子遗传学研究，主要探讨儿童自我控制与多巴胺 D2 受体基因（DRD2）多态性之间的关联，以及父母养育与 DRD2 对儿童自我控制的交互作用。

DRD2 是多巴胺受体基因中的一种，位于 11 号染色 q22 - 23，在脑内前额叶皮层和基底核（尾状核、豆状核、伏隔核以及嗅球）中表达最高。DRD2 TaqIA 限制性片段长度多态性是 DRD2 众多多态性中的一种，目前研究表明，该多态性与气质或人格、酒精依赖、精神分裂症等密切相关（Holmboe et al. ，2010）。如，有研究发现，DRD2rs 1800497 基因多态性与新异寻求之间无直接关联，但 DRD2 rs1800497 基因多态性与母亲严厉的纪律管教方式对成年子女的新异寻求有交互作用，生活在惩罚等不利养育环境中的个体，携带 A1 等位基因的个体，其新异寻求的得分要显著高于携带 A2 等位基因的个体，而生活在较好抚养环境中的成年个体，其基因型的效应不明显（Keltikangas - Jarvinen et al. ，2008）。该研究结果说明，DRD2 基因位点上不同基因型的个体，其对不利环境的易感性是不同的。当前关于多巴胺系统基因多态性与气质或人格特质的研究尚处于探索中，大多数研究更多关注了多巴胺系统基因多态性与成人人格之间的关联，而对儿童早期气质关注不够，尤其是关于 DRD2 基因多态性与儿童早期自我控制特质之间的关联尚属空白地带，自我控制是儿童气质调控系统的核心特质。现有的成人人格的分子遗传学较多地关注了新异寻求、奖赏依赖以及消极情绪性等人格维度，其结果也不尽一致。虽然人格是由气质发展而来，但成人人格的表型变异相对儿童的早期气质来说，受环境影响的程度更大。现有研究并不能很好地区分成人的人格与气质，大多研究在成人被试中测查到的更多是人格而非气质，成人群体中气质与特定神经递质通路相关基因多态性的关联可能在某种程度上被"放大"或"缩小"；虽然个体的基因稳定不变，但是基因在不同年龄阶段的表达会有所不同（Naumova, Lee, Rychkov, & Vlasova, 2013），因此，儿童早期气质与神经递质及其通路相关基因多态性的关联模式可能与成人不同。此外，目前关于环境因素与遗传基因对个体人格特质的交互作用的研究虽然已经发现了一些有意义的结果，这些结果说明特定的基因型在不同的环境中会表现出不同的发展结果。但从遗传基因与早期生活经历两方面探讨儿童气质发展的研究还比较缺乏。

基于此，本研究主要关注父母抚养方式与 DRD2 基因 TaqIA 多态性对自我控制的预测作用和交互作用。我们认为携带 A1A1 基因型的儿童自我控制能力较强，而 A2A2 和 A1A2 基因型的儿童则相对较弱。同时，父母抚养行为与 DRD2 TaqIA 基因多态性对儿童自我控制具有交互作用。

我们采用随机整群抽样的方式，从某市 6 所幼儿园小班儿童中选取了 474 名儿童（$M_{年龄}$ = 50.92 个月，SD = 4.21 个月）及其父母作为本研究的被试，其中男孩 264 名，女孩 210 名。家庭人均月收入介于 500 元至 50000 元之间（Mo = 2000 元）。母亲受教育程度大专以上占 45%，父亲受教育程度大专以上占 49%。474 名儿童的父母完成了儿童努力控制与父母养育方式的问卷调查，采集到 330 名儿童的口腔脱落细胞，由于样本保存和技术原因，有 57 名儿童的口腔脱落细胞没有萃取出 DNA 或 PCR 条带不明显。因此，问卷数据和 DRD2 基因多态性数据都有的被试为 273 名。

我们采用 Rothbart 等人（Rothbart, Ahadi, Hershey, & Fisher, 2001）编制的儿童行为问卷中的努力控制分量表来测查儿童的自我控制。该分量表包括注意控制（"在书上画画或着色时，表现得很专注"）和抑制控制（"在告知要去的地方有危险时，他/她会放慢脚步，小心翼翼"）两个子维度，采用 likert 式 7 点记分，由儿童的母亲报告，分数越高表示自我控制能力越强。该问卷在中国被试群体中具有较好的信效度（Ahadi, Rothbart, & Ye, 1993; Rothbart et al., 2001）。努力控制分量表在本研究中的 Cronbach α 系数为 0.75，说明其具有良好的信度。采用 Block（1981）编制的父母养育方式（Child - Rearing Practice Report, CRPR）来测查父母的养育行为，该问卷分为接纳、拒绝、限制、控制、惩罚、鼓励成就、鼓励独立、保护担忧等维度，采用 likert 式 5 点记分，由儿童的父母分别进行报告。本研究采用了 Chen 等人（1998）在中国被试中修订的版本，选用了鼓励成就、鼓励独立、接纳、保护担忧、拒绝和惩罚六个维度，由于在父母问卷中，鼓励成就、鼓励独立和接纳的相关以及拒绝和惩罚的相关均在 0.56 以上，故将上述几个维度分别进行合并，合并后为温暖鼓励、保护担忧与拒绝惩罚三个维度。在本研究中，父母问卷中温暖鼓励、保护担忧以及拒绝惩罚的 Cronbach α 系数介于 0.69 ~ 0.87，说明该问卷具有良好的信度。

我们采集了儿童的口腔脱落细胞，从口腔脱落细胞中对基因萃取与分型。将含有口腔脱落细胞的悬液通过离心和裂解的方法提取出 DNA。根据事先设计好的引物（上游引物为 5' - CCGTCGACGGCTGGCCAAGTTGTCTA - 3'，下游引物为 5' - CCGTCGACCCTTCCTGAGTGTCATCA - 3'）对 DRD2 基因进行扩增，所使用的扩增酶体系为 TaKaRa 酶体系，反应体系为 100ul。扩增条件为：变性温度为 95℃，退火温度为 60℃，延伸温度为 72℃。具体程序为：95℃，30s，60℃，30s，72℃，1min，30 个循环。PCR 的产物用 3% 琼脂糖凝胶电泳检测，扩增条带包括以下三种形式：纯合短重复序列 A1A1，杂合重复序列 A1A2，纯合长重复序列 A2A2。在 273 名儿童中，A1A1 基因型的携带者为 100 人，A1A2 基因型的携带者为 130 人，A2A2 基因型的携带者为 43 人，经检验，该基因型分布符合 Hardy - Weinberg 平衡定律（$\chi^2 = 3.50$, $p > 0.05$）。

我们的研究结果见表 2 - 1、表 2 - 2、表 2 - 3 和表 2 - 4。为了考察儿童自我控制在其 DRD2 基因 TaqIA 多态性上的差异，进行了单因素方差分析。由表 2 - 1 和表 2 - 2 可知，DRD2 基因 TaqIA 多态性的主效应显著 [F (2, 272) =3.30, $p < 0.01$, $\eta^2 = 0.02$]，通过多组比较发现，携带 A1A1 基因型的儿童，其自我控制得分显著高于 A1A2 携带者的个体 [F (1, 180) =2.53, $p < 0.01$]，也显著高于 A2A2 携带者的个体 [F (1, 142) = 2.09, $p < 0.05$]，但携带 A1A2 基因型的儿童，其自我控制得分与 A2A2 携带者的差异并不显著 [F (1, 229) = 0.42, $p > 0.05$]。这说明 A1A1 携带者的自我控制能力要显著高于 A1A2 和 A2A2 携带者的儿童，即 DRD2 低活性基因型的个体，其自我控制能力相比高活性的个体要好。

表 2 - 1　各变量的描述统计结果

变量	N	M	SD
自我控制	273	4.81	0.71
母亲鼓励温暖	273	4.10	0.40
母亲保护担忧	273	3.07	0.49
母亲拒绝惩罚	273	2.59	0.45
父亲温暖鼓励	273	4.16	0.37
父亲保护担忧	273	3.21	0.50
父亲拒绝惩罚	273	2.72	0.51

表 2 - 2　DRD2 在儿童自我控制上的方差分析结果

	DRD2		
	A1A1	A1A2	A2A2
M	5.03	4.74	4.78
SD	0.61	0.71	0.74
N	43	130	100

由表 2 - 3 的结果可知，母亲温暖鼓励的抚养行为与儿童自我控制显著正相关，而拒绝惩罚的抚养行为与儿童自我控制显著负相关，而保护担忧与自我控制相关不显著。这说明母亲对儿童的鼓励和情感温暖越多，儿童的自我控制能力越强；而惩罚和拒绝的行为越多，儿童的自我控制能力越弱。父亲的保护担忧（即过度保护）与儿童自我控制显著负相关，拒绝惩

罚也与自我控制显著负相关，而温暖鼓励与儿童的自我控制相关不显著。这说明父亲对儿童的过度保护和拒绝惩罚越多，儿童的自我控制能力越弱。

表 2 - 3　父母养育方式与儿童自我控制的相关分析结果

变量	1	2	3	4	5	6	7
1 自我控制	1						
2 母亲温暖鼓励	0.33***	1					
3 母亲保护担忧	-0.06	0.18***	1				
4 母亲拒绝惩罚	-0.23***	0.08	0.44***	1			
5 父亲温暖鼓励	0.05	0.25***	0.08	0.08	1		
6 父亲保护担忧	-0.17**	-0.06	0.24***	0.26***	0.24***	1	
7 父亲拒绝惩罚	-0.17**	-0.04	0.11	0.26***	0.12*	0.52***	1

注：$^{*}p < 0.05$，$^{**}p < 0.01$，$^{***}p < 0.001$，以下同。

由表 2 - 4 的结果可知，性别对儿童自我控制的预测作用不显著。DRD2 基因 TaqIA 多态性能显著预测儿童的自我控制，携带 A1A1 基因型的儿童，其自我控制显著高于 A1A2 携带者的努力控制，同时也显著高于 A2A2 携带者的儿童，而携带 A1A2 基因型儿童的自我控制与 A2A2 基因型携带者的差异不显著。这说明 DRD2 基因的活性越低，儿童自我控制的能力越强。此外，回归分析的结果也表明，母亲温暖鼓励的抚养行为能显著正向预测儿童自我控制，而保护担忧（过度保护）显著负向预测儿童的自我控制，拒绝惩罚则对自我控制的预测不显著。父亲温暖鼓励、保护担忧和拒绝惩罚对儿童自我控制的预测均不显著。这说明母亲对儿童的鼓励和情感温暖越多，儿童的自我控制得分越高；而过度保护越多，儿童的自我控制得分越低。而父亲的抚养方式与儿童自我控制之间无明显相关关系。

表 2 - 4　儿童自我控制对 DRD2 基因多态性及父母养育方式的回归分析结果

变　量	儿童自我控制				
	R^2	B	SE	β	t
第一层	0				
性别		0.01	0.09	0.01	0.13
第二层	0.024				
DRD2[a]		− 0.30	0.12	− 0.21	− 2.57 **
DRD2[b]		− 0.26	0.12	− 0.18	− 2.14 *
第三层	0.200				
母亲温暖鼓励		0.66	0.10	0.37	6.60 ***
母亲保护担忧		− 0.37	0.10	− 0.23	− 3.85 ***
母亲拒绝惩罚		− 0.03	0.09	− 0.02	− 0.36
第四层	0.209				
父亲温暖鼓励		− 0.01	0.11	− 0.01	− 0.10
父亲保护担忧		− 0.06	0.09	− 0.04	− 0.66
父亲拒绝惩罚		− 0.09	0.09	− 0.07	− 1.02
第五层[c]	0.257				
DRD2[b]·母亲保护担忧		0.69	0.27	1.46	2.60 **

注: 对性别和 DRD2 基因多态性进行了虚拟编码, 性别: 0 = 男孩, 1 = 女孩; DRD2[a]: 0 = A1A2, 1 = 其他, DRD2[b]: 0 = A2A2, 1 = 其他。C: 由于交互项较多, 本表仅列出了显著的交互项。

DRD2 基因 TaqIA 多态性与母亲保护担忧对儿童自我控制的交互预测显著。通过进一步的简单斜率分析, 对于携带 A2A2 基因型的儿童来说, 母亲保护担忧对其自我控制的预测作用不显著 ($\beta = 0.05$, $t = 0.46$, $p > 0.05$), 而对于携带 A1A1 基因型的儿童来说, 母亲保护担忧能边缘显著地负向预测其自我控制 ($\beta = - 0.13$, $t = - 1.71$, $p < 0.10$)。即携带 A1A1 的儿童, 若母亲对自己的过度保护越多, 其自我控制则会弱。

我们的探索性研究结果发现, 携带 A1A1 基因型的儿童, 其自我控制的得分明显高于携带 A1A2 或 A2A2 基因型的儿童, 但 A1A2 基因型携带者与 A2A2 基因型携带者之间并无明显的差异。该结果尚属首次在儿童群体中发现, 因为以往研究大多关注了 DRD4 基因多态性与成人人格特质之间的关联，大多数研究都表明 DRD4 等位基因重复次数较多的个体，在新异寻求的人格特质上得分较高，而 DRD4 等位基因重复次数较少的个体的新异寻求得分较低（Tsuchimine et al.，2012），多巴胺系统是人类行为和情绪的激动剂，其受体主要负责对多巴胺能的传导、转换，DRD4 等位基因重复片段较长的个体，多巴胺受体的活性较强，能够较快地传导和转换多巴胺能，而多巴胺能又能促使个体去接近和探索新异环境。

　　DRD2 基因 TaqIA 多态性是在 TaqIA 酶切位点上限制性片段长度的多态性，这一位点的多态性影响 DRD2 的密度、亲合力和结合力。研究发现该位点上 A1 等位基因可以控制多巴胺 D2 受体的数量，降低纹状体等中枢系统的多巴胺活性（Noble et al.，1994），同时促进对压力的反应性水平（Berman & Noble，1997）。此外，也有研究通过正电子断层扫描研究发现，携带 A1 等位基因的个体，其大脑中的酶代谢会降低（Noble et al.，1997）。早期的研究表明，DRD2 基因 TaqIA 多态性可能与人类的酒精依赖或药物依赖有关（Noble et al.，1994）。自我控制是指个体抑制自我的优势反应，而靠意志力去执行一个劣势的反应，需要个体抵制或克服诱惑物或者奖赏刺激物，因此携带 A1A1 基因型的个体，其中枢神经系统内多巴胺受体的数量相对较少，传导和转换多巴胺能的效率较低，使其能够较好地抑制冲动行为、奖励和诱惑刺激物，所以对自我行为的约束力较强。而携带有 A2 等位基因的个体，其中枢神经系统的多巴胺 D2 受体可能相对较多，对多巴胺能的传导和转换效率较高，使得个体神经系统的多巴胺能含量较高，在受到诱惑物或奖励刺激时，很难去克服冲突，故自我约束能力相对较弱。

　　环境因素与基因多态性对人类行为的交互作用是近年来分子遗传学与心理学交叉研究的热点。我们从父母养育行为与 DRD2 基因 TaqIA 多态性两方面来考察儿童自我控制的发展。父母养育行为与 DRD2 基因 TaqIA 多态性对儿童自我控制的交互作用并没有我们预期的那样强，仅发现母亲的保护担忧与 DRD2 基因 TaqIA 多态性对儿童自我控制有交互作用，携带 A1A1 基因型的儿童，母亲保护担忧的抚养行为越多，其自我控制越弱；而对于携带 A2A2 基因型的儿童来说，母亲的保护担忧对其自我控制并无明显作用。这说明携带 A1A1 基因型的儿童对抚养环境更加敏感。个体对环境的不同反应结果可能取决于其遗传构成。

环境与遗传因素都是人类行为发展不可或缺的因素，特定的基因只有在适宜的环境中才会发挥作用。不同基因的携带者，其对环境的敏感程度是不同的，与本研究类似，有研究发现 DRD2 基因 C32806T 多态性与儿童抚养环境对子女的新异寻求人格特质存在交互作用，携带 A1 等位基因的成年子女要比携带 A2A2 基因的个体，在惩罚或严厉管束的抚养家庭中更容易表现出较高的新异寻求行为，而生活在温暖和友好抚养家庭中的成年子女，无论其携带何种基因，都未表现出明显的新异寻求行为（Keltikan-gas - Jarvinen et al.，2008）。

不可回避的是，我们研究发现的交互作用较弱，其原因可能有三个方面。首先，本研究只选择了单个基因某一位点的多态性，对于人类复杂的行为特质来说，其背后可能有成千上万的基因共同起作用，单个基因的作用显得十分微小。其次，由于行为特质测量的复杂性，本研究仅仅选用问卷来测量，可能在测量的准确性上也存在问题。最后，由于本研究是一项横断研究，并非长期追踪研究，很难揭示出儿童行为特质的变化。上述三方面的因素可能是导致本研究交互作用较弱的原因，希望我们在今后的研究中能够加以改进。

本章参考文献

[1] Casey, B. J., Trainor, R., Giedd, J., Vauss, Y., Vaituzis, C. K., Hamburger, S., et al. (1997). The role of the anterior cingulate in automatic and controlled processes: a developmental neuroanatomical study. *Development Psychobiology*, 30 (1), 61 –69.

[2] Zelazo, P., Carlson, S., & Kesek, A. (2008). The development of executive function in childhood. In C. A. Nelson & M. Luciana (Eds.), *Handbook of Developmental Cognitive Neuroscience* (2nd ed., pp. 553 –574). Cambridge, MA: MIT Press.

[3] Posner, M. I., & Rothbart, M. K. (2000). Developing mechanisms of self – regulation. *Development and Psychopathology*, 12 (3), 427 –441.

[4] Huttenlocher, P. R., Dabholkar, A. S. (1997). Regional differences in synaptogenesis in human cerebral cortex. *Journal of Comparative Neurology*, 387 (2), 167 –178.

[5] Chugani, H. T. , Phelps, M. E. (1986). Maturational changes in cerebral function in infants determined by 18FDG positron emission tomography. *Science*, 231 (4740), 840 – 843.

[6] Berger, A. , Kofman, O. , Livneh, U. , Henik, A. (2007). Multidisciplinary perspectives on attention and the development of self – regulation. *Progress in Neurobiology*, 82 (5), 256 – 286.

[7] Luciana, M. (2003). The neural and functional development of human prefrontal cortex. In De Hann, M. , Johnson, M. (Eds.), *Cognitive Neuroscience of Development* (*Studies in Developmental Psychology*) . Psychology Press, New York, pp. 157 – 179.

[8] Paus, T. , Zijdenbos, A. , Worsley, K. , Collins, D. L. , Blumenthal, J. , Giedd, J. N. , et al. (1999). Structural maturation of neural pathways in children and adolescents: in vivo study. *Science*, 283 (5409), 1908 – 1911.

[9] Sowell, E. R. , Thompson, P. M. , Holmes, C. J. , Jernigan, T. L. , Toga, A. W. (1999). In vivo evidence for post – adolescent brain maturation in frontal and striatal regions. *Nature Neuroscience*, 2 (10), 859 – 861.

[10] Johnson, M. H. (2003). Development of human brain functions. *Biological Psychiatry*, 54 (12), 1312 – 1316.

[11] Neville, H. March 2007. Experience shapes human brain development. *Paper presented at the Biennial Meeting of the Society for Research in Child Development.* Boston, MA, USA.

[12] Bell, M. A. , Fox, N. A. (1994). Brain development over the first year of life: Relations between EEG frequency and coherence and cognitive and affective behaviors. In: Dawson G, Fischer K, editors. *Human behavior and the developing brain.* New York: Guilford, pp. 314 – 345.

[13] Hohmann, C. F. (2003). A morphogenetic role for acetylcholine in mouse cerebral neocortex. *Neuroscience Biobehavioral Review*, 27 (4), 351 – 363.

[14] Villabos, J. , Rios, O. , Barbosa, M. (2000). Postnatal development of the basal forebrain cholinergic projections to the medial prefrontal cortex in mice. *Developmental Brain Research*, 120 (1), 99 – 103.

[15] Whitaker – Azmitia, P. M. (2001). Serotonin and brain development: role in human developmental diseases. *Brain Research Bulletin*, 56 (5), 479 – 485.

[16] Gu, Q. (2002). Neuromodulatory transmitter systems in the cortex and their role in cortical plasticity. *Neuroscience*, 111 (4), 815 – 835.

[17] Matsugami, T. R., Tanemura, K., Mieda, M., Nakatomi, R., Yamada, K., Kondo, T., Ogawa, M., Obata, K., Watanabe, M., Hashikawa, T., Tanaka, K. (2006). Indispensability of the glutamate transporters GLAST and GLT1 to brain development. *Proceeding of the National Academy of Science*, 103 (32), 12161 – 12166.

[18] Fan, J., McCandliss, B. D., Sommer, T., Raz, M., Posner, M. I. (2002). Testing the efficiency and independence of attentional networks. *Journal of Cognitive Neuroscience*, 14 (3), 340 – 347.

[19] Diamond, A., Briand, L., Fossella, J., Gehlbach, L. (2005). Genetic and neurochemical modulation of prefrontal cognitive functions in children. *American Journal of Psychiatry*, 161 (1), 125 – 132.

[20] Posner, M. I., Rothbart, M. K., Sheese, B. E. (2007). Attention genes. *Developmental Science*, 10 (1), 24 – 29.

[21] Saudino, K. J. (2005). Behavioral genetics and child temperament. *Journal of developmental behavioral pediatrics*, 26 (3), 214 – 223.

[22] Gagne, J. R., Vendlinski, M. K., Goldsmith, H. H. (2009). The genetics of childhood temperament. In Y. K. Kim Eds. Handbook of Behavior Genetics, *Springer Science + Business Media*, 251 – 267.

[23] Spengler, M., Gottschling, J., Spinath, F. M. (2012). Personality in childhood – A longitudinal behavior genetic approach. *Personality and Individual Difference*, 53 (4), 411 – 416.

[24] Lemery – Chalfant, K., Doelger, L., Goldsmith, H. H. (2008). Genetic relations between effortful and attentional control and symptoms of psychopathology in middle childhood. *Infant and Child Development*, 17 (4), 365 – 385.

[25] Yamagata, S., Takahashi, T., Kijima, N., Maekawa H et al. (2005). Genetic and environmental etiology of effortful control. *Twin Research and Human Genetics*, 8 (4): 300 – 306.

[26] Moffitt, T E., Caspi, A., & Rutter, M. (2006). Interactions in psychopathology: Concepts, research strategies, and implication for research, intervention, and public understanding of genetics. *Current Directions in Psychological Science*, 15 (2), 94 – 97.

［27］ Naumova, O. Y. , Lee, M. Rychkov, S. Y. , Vlasova, N. V. （2013）. Gene expression in the human brain: The current state of the study of specificity and spatiotemporal dynamics. *Child Development*, 84 （1）, 76 – 88.

［28］ 张明浩, 陈欣银, 陆祖宏. （2010）. 气质的遗传因素: 基因多态性研究. 心理发展与教育, 26 （2）, 215 – 223.

［29］ Rujescu, D. , Giegling, I. , Sato, T. , Hartmann, A. M. & Moller, H. J. （2003）. Genetic variations in tryptophan hydroxylase in suicidal behavior: analysis and meta – analysis. *Biological Psychiatry*, 54 （4）, 465 – 473.

［30］ Benjamin, J. , Li, L. , Patterson, C. , Greenberg, B. D. , Murphy, D. L. & Hamer, D. H. （1996）. Population and familial association between the D4 dopamine receptor gene and measures of Novelty Seeking. *Nature Genetics*, 12 （1）, 81 – 84.

［31］ Ebstein, R. P. , Novick, O. , Umansky, R. , Priel, B. , Osher, Y. , Blaine, D. , et al. （1996）. Dopamine D4 receptor （D4DR） exon III polymorphism associated with the human personality trait of Novelty Seeking. *Nature Genetics*, 12 （1）, 78 – 80.

［32］ Lesch, K. P. , Bengel, D. , Heils, A. , Sabol, S. Z. , Greenberg, B. D. , Petri, S. , Benjamin, J. , Müller, C. R. , Hamer, D. H. , Murphy, D. L. （1996）. Association of anxiety – related traits with a polymorphism in the serotonin transporter gene regulatory region. *Science*, 274 （5292）, 1527 – 1531.

［33］ Auerbach, J. , Geller, V S. , Lezer, E. , Shinwell, R H. , Belmaker, J. , Levine Ebstein, R P. （1999）. Dopamine D4 receptor （DRD4） and serotonin transporter promoter （5 – HTTLPR） polymorphisms in the determination of temperament in 2 – monthold infants. *Molecular Psychiatry*, 4 （2）, 369 – 373.

［34］ Posner, M. I. , Rothbart, M. K. , Sheese, B. E. , & Tang, Y. （2007）. The anterior cingulate gyrus and the mechanism of self – regulation. *Cognitive Affective & Behavioral Neuroscience*, 7 （4）, 391 – 395.

［35］ Kochanska, G. , Philibert, R. A. , & Barry, R. A. （2009）. Interplay of gene and early mother – child relationship in the development of self – regulation from toddler to preschool age. *Journal of Child Psychology and Psychiatry*, 50 （11）, 1331 – 1338.

［36］ Simth, H. J. , Sheikn, H. I. , Dyson, M. W. , Olino, T. M. , Laptook, R. S. , Durbin, C. E. , ⋯ Klein, D. N. （2012）. Parenting and child DRD4 genotype interact to predict children's early emerging effortful control. *Child Development*, 83 (6), 1932 – 1944.

[37] Caspi, A., McClay, J., Moffitt, T. E., Mill, J., Martin, J., Craig, I. W., et al. (2003). Role of genotype in the cycle of violence in maltreated children. *Science*, 297 (5582), 851 – 854.

[38] Caspi, A., Sugden, K., Moffitt, T. E., Taylor, A., Craig, I. W., Harrington, H., et al. (2002). Influence of life stress on depression: moderation by a polymorphism in the 5 – HTT gene. *Science*, 301 (5631), 386 – 389.

[39] Holmboe, K., Nemoda, Z., Fearon, R. M. P., Csibra, G., Sasvari – Szekely, M., Johnson, M. H. (2010). Polymorphsim in Dopamine system genes are associated with individual differences in attention in infancy. *Developmental Psychology*, 46 (2), 404 – 416.

[40] Keltikangas – Jarvinen, L., Pulkki – Raback, L., Elovainio, M., Raitakari, O. T., Viikari, J., & Lehtimaki, T. (2008). DRD2 C32806T modifies the effect of child – rearing environment on adulthood novelty seeking. *American Journal of Medical Genetics*, Part B, 150B, 389 – 394.

[41] Rothbart, M. K., Ahadi, S. A., Hershey, K. L., & Fisher, P. (2001). Investigations of temperament at three to seven years: The children's behavior questionnaire. *Child Development*, 72 (5), 1394 – 1408.

[42] Ahadi, S. A., Rothbart, M. K., & Ye, R. (1993). Children's Temperament in the U. S. and China: Similarities and differences. *European Journal of Personality*, 7, 359 – 378.

[43] Chen, X., Hastings, P. D., Rubin, K. H., Chen, H., Cen, G., & Stewart, S. L. (1998). Childrearing attitudes and behavioral inhibition in Chinese and Canadian toddlers: A cross – cultural study. *Developmental Psychology*, 34 (4), 677 – 686.

[44] Tsuchimine, S., Yasui – Furukori, N., Sasaki, K., Kaneda, A., Sugawara, N., Yoshida, S., Kaneko, S. (2012). Association between the dopamine D2 receptor (DRD2) polymorphism and the personality traits of healthy Japanese participants. *Progress in Neuro – Psychophamacology & Biological Psychiatry*, 38 (2), 190 – 193.

[45] Noble, E. P, Berman, S. M, Ozkaragoz, T. Z, Ritchie, T. (1994). Prolonged

P300 latency in children with the D2 dopamine receptor A1 allele. *American Journal of Human Genetics*, 54 (4), 658 – 668.

[46] Berman, S. M, Noble, E. P. (1997). The D2 dopamine receptor (DRD2) gene and family stress: Interactive effects on cognitive functions in children. *Behavior Genetics*, 27 (1), 33 – 43.

[47] Noble, E. P, Gottschalk, L. A, Fallon, J. H, Ritchie, T. , Wu, J. C. (1997). D2 dopamine polymorphism and brain regional glucose metabolism. *American Journal of Medical Genetics*, 74 (2), 162 – 166.

第三章

学前儿童自我控制的主要测量方法

第一节 延迟满足范式

对于自我控制的测量，最经典的方法当属延迟满足范式。自从 Mischel 教授创建延迟满足的测量范式之后，世界各地的研究者以此为蓝本开展了大量的研究，该方法在实际使用中针对特定年龄群体或特定研究目的而发展出多种变式。本节将简要地介绍延迟满足范式及其主要的变式，希望我们的梳理能够对今后的研究有所助益。

1. 自我延迟满足

Mischel 及其同事（Mischel & Ebbesen，1970）最早设计的测量范式是自我延迟满足（self – imposed delay），自我延迟满足的主要测量过程是：儿童受邀来到实验室，先与研究人员在实验室进行一段时间的热身活动，以消除儿童对陌生环境的恐惧感和不适感，在延迟任务过程中表现出自然真实的状态。热身活动结束后，研究人员向儿童提供两个可供选择的奖赏，两个奖赏可能是同一种类但数量不等或对被试来说喜好程度不同的食物或物品，如一颗棉花糖和两颗棉花糖。研究人员让儿童做出选择后，如果儿童选择了相对小的奖赏，即可获得满足，则实验任务到此结束。如果被试选择了大的奖赏，则研究人员告诉儿童自己有事要离开，一般离开的时间针对不同年龄段的儿童长短不等，短的 7 ~ 8 分钟，长则 20 分钟。如果儿童能等到研究者回来便可以获得较大的奖赏，如果儿童中间无法等待而想放弃，则用铃铛召回研究人员，但这时儿童只能获得较小的奖赏。在实验任务开始时，研究人员通过演示来确保儿童能够正确理解等待和奖赏之间的关系后，研究人员借故离开，在整个过程中使用单向玻璃进行观察，或用摄像设备记录儿童的行为，事后进行编码分析，以评价儿童在等待过程中的延迟时间和延迟策略。自我延迟满足强调了儿童自我意识的作用，强调儿童在自愿情形下放弃当前的满足，主动承受自我所施加的延迟奖励，体现了儿童以目标为导向的认知和动机，反映了个体的自我控制能力。一般认为，自我延迟满足包括选择阶段和维持阶段。在选择阶段，儿童要做出延迟奖赏的决定，儿童可能会基于个人的期望选择对自己更具诱惑力的奖赏，以此我们可知儿童的选择倾向。维持阶段是指儿童维系自己的延迟选择过程，儿童在维持过程中会表现出各种延迟策略来克制冲动和压力，并最终获得更大的奖赏。在维持过程中，儿童可以选择随时退出并获得较小的奖励物。延迟满足的主要特点是奖励的大小与等待时间的长短存在严重的冲突，让儿童顾此失彼，测查了儿童在诱惑情境下的认知和动机取向，以及在延迟过程中对情绪和行为的调控能力。

2. 外加延迟满足

现实生活中，儿童遇到更多的是在外界要求下进行的延迟满足，这种延迟满足被称为外加延迟满足（externally imposed delayed reward），又称作"要求型延迟满足"或"他人施加的延迟满足"等。在该范式中儿童并没有选择的机会，要在父母、教师等权威人物的要求和限制下克制冲动，延迟满足。外加延迟满足与自我延迟满足最本质的区别在于奖励物是不是自主选择，以及延迟过程是自我施加还是外界施加。外加延迟满足一般用于测量婴幼儿，反应了年幼儿童顺从成人的意愿并且抵制当前诱惑的能力，是个体自我控制能力的早期形式。

外加延迟满足一般的测量程序为：研究人员向儿童展示一个极具诱惑力的玩具或奖赏物，告知儿童自己有事要离开一会儿，在研究人员离开后，儿童不能触碰奖赏物或诱惑物，否则将不能得到任何奖赏，只有等研究人员返回后儿童才能得到奖赏物。研究人员向儿童讲清楚游戏规则后，再让儿童示范一次，确认儿童理解规则后离开实验室。在整个延迟过程中，通过单向玻璃观察记录，或者录像记录后再进行后期编码分析。Miller和 Karniol（1976）首次提出了外加延迟满足的测量范式，后来的研究者在实际应用中发展出很多变式。在这些变式中基本上分为两种类型的任务，一种是要求儿童不要做某件事情，一般指儿童处于优势或习惯性的事情，例如让儿童在进行下一个游戏之前不要触碰摆在面前的玩具；另一种是要求儿童做某件事情，例如让儿童收拾玩具。比较有代表性的测查任务有Vaughn 和 Kopp 等人（Vanghn, Kopp, & Krakow, 1984）发展的系列延迟任务，如电话任务、礼物延迟任务等，以及 Kochanska 及其同事（Kochanska，Murray，& Harlan，2000）发展的系列任务，如沿直线走任务、礼物包装任务等。

礼物延迟范式与礼物包装范式都属于外加延迟满足的变式。礼物延迟任务是向儿童出示一个包装好的礼物，告诉儿童该礼物是送给他的，但是他暂时还不能得到，让儿童完成一个拼图任务或者其他智力任务（4分钟左右）后才能得到礼物。在儿童完成拼图或其他智力任务的过程中，礼物放在离儿童不远但在其视线范围内的地方。当儿童完成拼图或智力任务后，研究人员假装没有关注到儿童的任务完成情况，仍然整理文档90秒，90秒后停止整理文档并告诉儿童可以拿走礼物。在整个过程中，对儿童的言行进行观察记录或者录像记录，主要分析儿童指向礼物的言行、延迟时间以及打开礼物包装的潜伏时间等。虽然礼物延迟满足是外加延迟满足的一种变式，但略有一点区别是礼物延迟不需要自我强加压力，也不需要外界施加压力，研究人员出示的礼物明确表明是儿童的，但需要完成拼图或其他任务后才可以拿到礼物并且打开。该任务更接近真实生活，具有更好的生态效度，所测量的自我控制相对比较真实，一般在年幼儿童中使用较多。

礼物包装任务类似于礼物延迟任务，主要测试程序为：研究人员拿来一个尚未包装好的礼物，礼物的外包装非常精美，然后对儿童说："这是送给你的礼物，但是由于时间匆忙还没来得及包装好，现在请你背过身去，我要把它包装好，到时候会给你一个惊喜"，然后要求儿童在一张桌子后面背过身去，实验员假装在包装礼物，把包装纸的声音弄得很大（1分钟），然后研究人员借口忘记拿包装绑带离开房间1分钟，把礼物放进一个礼物袋，并告诫儿童不许偷看，1分钟后研究人员回来，再用大约1分钟时间把礼物包装好。整个过程用录像记录，主要分析儿童回头偷看的潜伏时间，以及延迟过程中的言行。该任务也比较接近真实生活情境，具有比较高的生态效度，也适用于年幼儿童。该任务的优点就是区分了成人在场和不在场时儿童的延迟行为。

3. 付款延迟满足

针对自我延迟满足和外加延迟满足范式的理论取向不同并且只能针对

年幼儿童这一不足，Funder 和 Block（1989）发展了比较适合年长儿童和成年个体的付款延迟满足任务（Payment Delay）。付款延迟任务整合了自我延迟满足和外加延迟满足的优点，让被试在连续不断的即刻满足和延迟满足之间做出选择并付出努力。该任务的测试程序为：实验员告知被试要在六个时间段内接受一系列的测试，在每次测试后可以得到 4 美元的报酬。但是在支付方式上，被试可以做出选择，如果被试选择立刻支取单次的报酬，那么只能得到 4 美元，总计 24 美元。如果被试选择六次测试全部完成以后，一次性支取所有的报酬，那么就可以得到额外 4 美元的利息，即总计 28 美元。如果被试选择每次仅支取部分报酬（比如 2 美元），则利息按照剩余金额的数量来计算（即从 24 美元到 28 美元不等）。每阶段的测试结束后，实验员都会向被试再次重申支取报酬的规则，并征求被试的支取选择。付款延迟任务最终以被试前五次的支付次数记分。延迟付款任务兼顾了自我延迟任务和外加延迟任务的优点，被试要同时面对更具诱惑力的报酬和即刻满足的冲动，实际上该任务兼顾了个体目标动机的认知因素与克制冲动的抑制倾向，整合了自我延迟满足的认知动机因素与外加延迟满足的抑制特质两方面的理论取向。美中不足的是，该任务对被试的理解能力要求较高，只能适用于大龄儿童或青少年成人群体。

4. Newman 任务范式

Newman 及其同事（Newman，Kosson，& Patterson，1992）后来发展出了适用于实验研究的简便、快捷的测查范式，即 Newman 范式（Newman task）。该范式是利用计算机程序来测量个体的延迟行为，具体程序为：让被试坐在计算机屏幕前，告知这是一个博弈游戏，他的任务就是尽可能赢更多的钱。任务的规则为被试如果立刻按一个键便有 40% 的概率获得一个奖励，如果被试能等待若干秒（通常为 10 ~ 12 秒）去按另一个键就有 80% 的概率赢得一个奖励。也就是说延迟按键后获得奖励的概率更高。该任务共有 30 次的机会供被试在即时满足和延迟满足之间做出选择。该任务也比较接近现实生活，具有比较高的生态效度，而且操作比较简便，相比其他延迟满足的任务，该任务在后期的数据处理上比较省时省力，缺点是只能适用于青少年或成年个体。后来的研究者以此为基础，发展了延迟折扣任务（delay discounting）。该任务通过实验的方法来评估个体的延迟折扣函数。实验人员向被试同时呈现两个虚拟的即时奖赏和延迟奖赏选项，即时奖赏的额度较小，延迟奖赏的额度较大，例如马上得到 25 美元和一个月之后得到 100 美元。实验程序根据被试的选择情况会对即时奖励或延迟奖励的数目做增减变化，直到被试的选择偏好发生反转。如果被试倾向选择数额较大的延迟奖赏，那么程序会在随后增加较小的即时奖赏；反之，如果被试倾向选择较小数额的即时奖赏，那么随后呈现的两个奖赏中，即时奖赏的数额会慢慢减少，而大额的延迟奖赏与等待时间保持不变，直到被试逆转选择延迟大奖赏。被试选择偏好出现反转时的即时小奖赏的数量均值作为个体延迟奖赏的主观价值，最终通过一系列不同延迟时间下个体延迟奖赏的主观价值来描绘延迟折扣函数。

第二节　Stroop 范式

顾名思义，Stroop 任务范式最先是由 Stroop 提出，起初是运用字义和字体的印刷颜色两个维度作为变量来测量成人认知灵活性和抑制控制。实验中，主试向被试呈现表示颜色的字，如绿、红、蓝等，但这些字的印刷颜色有两种，一种是与字义本身一致，如绿色的"绿"字，一种是与字义颜色不一致的印刷字体，如红色的"绿"字。实验中要求被试说出字的字义或字的颜色。在字义与字体颜色不一致的情况下，被试的正确率较低且反应时较长，而在字义与字体颜色一致的情况下，被试的正确率较高且反应时较短。Stroop 范式在众多的成人研究中被反复证明是一种行之有效的认知控制或抑制控制的测量方式。后来的研究者以此为基础，在各自的研究中发展出了各种各样 Stroop 任务的变式，这些变式基本上都是围绕着两种一致的反应或两种不一致的反应而展开。发展心理学研究者借鉴了最初的 Stroop 范式，设计出适合儿童年龄特点的各种 Stroop 任务，这些任务用来测量儿童的抑制控制和认知灵活性。下面将介绍使用比较广泛的几种测量任务，供研究人员或教育实践人员参考。

1. 日夜 Stroop 任务

日夜 Stroop 任务是 Gerstadt, Hong 和 Diamond (1994) 针对学前儿童或特殊儿童，根据经典的 Stroop 任务进行改编的任务。在该任务中，主试给儿童呈现 12 张太阳和月亮的卡片，让儿童确认太阳代表白天，月亮代表黑夜，然后主试邀请儿童做游戏，当主试给儿童呈现太阳卡片的时候，要求儿童说"白天"，呈现月亮图片的时候，要求儿童说"晚上"，等儿童练习确认后，主试给儿童随机呈现 6 张太阳和月亮的图片，要求儿童说出相应的时间。进行 6 组任务后，主试告诉儿童，这次要反着做，当儿童看到太阳图片的时候，要说"晚上"，而不能说"白天"。看到月亮的时候，要说"白天"，等儿童练习确认后，再进行 6 组任务。最后根据儿童的指认情况记分。

2. 草雪 Stroop 任务

草雪 Stroop 任务类似于日夜 Stroop 任务。在该任务中，主试在儿童的面前放置一块纸板，纸板的左右上方分别有一块白色和绿色的区域。先让儿童确认绿色代表"草"，白色代表"雪"。然后主试告诉儿童，当主试说"草"的时候，儿童用手去指绿色的区域；当主试说"雪"的时候，儿童用手去指白色的区域。等儿童练习确认后，主试随机给儿童发出"草""雪"指令，儿童根据指令用手去指相应的区域。进行 4 组任务以后，主试告诉儿童，这次要反着做，当儿童听到"雪"的时候要用手去指绿色的区域；当听到"草"的时候，要指白色的区域。同样等儿童练习确认后，进行 4 组任务。最后根据儿童的指认情况记分。

3. 动物 Stroop 任务

动物 Stroop 任务是英国研究者 Wright 等人 (Wright, Waterman, Prescott, & Murdoch – Eaton, 2003) 发展的一种抑制控制任务。该任务要求儿童根据动物的身体而非头部来判断图片所呈现的是什么动物。在给儿童呈现的图片中有两种类别，另一种是动物的头与身体一致，如正常的一只猫；第二种是动物的头与身体不一致，如牛头马身。该任务是在计算机上进行测试，首先，主试向儿童讲清楚任务规则，并用测试图片来检查儿童是否已经明确规则。随后在电脑屏幕上随机呈现动物卡通图片，儿童通过口头回答和按键来反应。最后计算儿童的回答正确率和反应时作为测查指标。

4. 红绿信号 Stroop 任务

红绿信号 Stroop 任务类似于草雪 Stroop 任务。该任务分两个阶段，在第一阶段的任务中，当主试举起绿色的指示牌时，儿童要举起与主试同侧的手；当主试举起红色的指示牌时，儿童要举起与主试相反一侧的手。在第一阶段任务中，绿色指示牌和红色指示牌不会交替出现。在第二阶段任务中，儿童看到绿色指示牌仍然要举起与主试同侧的手，看到红色指示牌要举起与主试反侧的手，但红绿指示牌会交替出现。为了保证指示牌出示的速度与动作标准化，一般会事先录制标准的指示牌出示视频，在任务测查中让儿童观察视频来做出相应的反应。最后根据儿童的反应情况记分。

5. 鲁利亚手指 Stroop 任务

鲁利亚手指 Stroop 任务与上述三种 Stroop 任务本质上相同，但略有不同的是日夜 Stroop 任务和草雪 Stroop 任务是"纯粹"的认知冲突任务，而鲁利亚手指 Stroop 任务兼顾了认知冲突和动作抑制。在该任务中，主试把手放在身后，告诉儿童，当主试出 1 个手指的时候，儿童也要用手出 1 个手指；主试出 2 个手指的时候，儿童也要出 2 个手指。等儿童练习确认后，主试用手随机向儿童呈现 5 组任务。然后，主试告诉儿童，这次要反着做，主试出 1 个手指的时候，儿童要出 2 个手指；主试出 2 个手指时，儿童要出 1 个手指。等儿童练习确认后，主试向儿童随机呈现 5 组任务。最后根据儿童的反应情况记分。

6. 敲击 Stroop 任务

敲击 Stroop 任务类似于鲁利亚手指 Stroop 任务。该任务通常会给儿童一个铅笔或勺子，主试与儿童分别坐在桌子两侧，并邀请儿童与主试玩一个敲击游戏。首先，主试要求儿童跟随自己做，当主试敲击一次，儿童也跟着敲击一次。若干组任务后，主试告诉儿童，接下来要换一种玩法，主

试敲击一次时，儿童要敲击两次；主试敲击两次时，儿童要敲击一次。在
2 次任务正式测试中，如果儿童连续三次错误则停止测试。最后根据儿童
的敲击正确情况记分。

7. "Simon says" Stroop 任务

"Simon says" 是一类抑制控制任务的统称，有很多种变式。通常，主
试拿着一个玩偶，要求儿童根据玩偶的指令来做出相应的动作或者回答，
但儿童必须要区分指令是否是由玩偶发出。如果指令是由玩偶自己发出，
则在指令前面会加上"某某玩偶说"，例如"小熊说：摸摸你的耳朵"，如
果指令前面没有"某某玩偶说"，则儿童不做反应。主试会向儿童发出很
多指令，大多数指令中都会加上"某某玩偶说"，但是众多指令中会故意
省略"某某玩偶说"，目的是测验儿童的注意集中和抑制控制能力。

以上是在儿童自我控制测量中使用比较广泛的几种 Stroop 任务，这些
任务基本上都是给儿童呈现了两种一致或冲突的任务，要求儿童抑制本来
优势的反应，而去执行一个劣势或不习惯的反应，据此考察儿童在面对认
知冲突、动作冲突时的冲动抑制能力，从而测量儿童的自我控制能力。除
了上述使用比较广泛的 Stroop 任务之外，还有一些类似的 Stroop 任务在实
验室实验研究中使用较多，并且与脑电研究相结合，如侧翼干扰任务、go/
no go 任务。

8. 维度变化卡片分类任务

维度变化卡片分类任务（DCCS）起源于威斯康星成人卡片分类任务。
该任务要求儿童在一个维度上将卡片分类，然后又让他们在另一个维度上
将卡片分类。主要用来测量儿童的认知灵活性。通常来说，卡片包括形状
和颜色两个维度，在每个维度下又有很多类，如形状包括小兔子、小帆船
等，颜色包含红色、蓝色等。给儿童的卡片中包含蓝色兔子、红色兔子、
蓝色帆船、红色帆船等。在维度变化卡片分类任务测查中，主试先向被试
讲清楚要求，测试儿童是否听清要求之后，让儿童在规定的时间内按要求
把卡片进行分类，在每个任务完成以后立即进行卡片分类的规则转换。例
如，要求儿童把所有的小兔形状卡片放在一起，然后再要求儿童把所有蓝

色的卡片放在一起。最后计算儿童的分类正确率。

9. 侧翼干扰任务

侧翼干扰任务是一种注意网络测验,最初主要用来测量成人的注意定向、警觉和执行。后来,Rueda,Gerardi - Caulton 等人(2004;2000)根据成人的注意网络测验设计了适用于学步儿和学前期儿童的测验。在成人研究中,侧翼干扰任务通过计算机屏幕向被试呈现一个与正确反应比较相似的干扰刺激,正确反应又被称为靶刺激,靶刺激和干扰刺激一般是指示符号,如箭头。要求被试对屏幕中央的靶刺激进行反应,而同时忽略靶刺激两侧的干扰刺激。在儿童研究中,刺激图片由抽象的方向指示符号换成卡通动物,如小鱼。在具体实验任务中,会在计算机屏幕上给儿童呈现三种类型的图片。第一种是五条游动方向一致的小鱼,如小鱼游动的方向都向左或者都向右,即一致性图片。第二种是中间的小鱼与两边的小鱼游动方向相反的图片,如中间的小鱼向左,而两边的小鱼向右,即非一致图片。第三种是单个一条小鱼,即中性的图片。在任务开始时,会在刺激物出现前给儿童提供或者不提供提示线索,然后在电脑屏幕上呈现刺激物,儿童要根据指导语中的指示做出"是"或"否"的按键反应。被试在一致和不一致刺激条件下的反应时差异说明了应对注意冲突的能力差异,间接说明了儿童的自我控制能力(Gerardi - Caulton,2000)。

10. go/no go 范式

go/no go 范式是实验室实验中使用比较广泛的一种抑制控制任务。该任务要求被试对靶刺激(go 刺激)做出按键反应,而对非靶刺激(no go 刺激)不做按键反应。例如,儿童看到小鱼图片和风筝图片按键,而看到其他图片不做按键反应。任务通过设置靶刺激和非靶刺激的比例来考察儿童的抑制控制能力。该任务也是由成人研究发展而来,经过改编以后用于儿童研究,以正确率和反应时作为测量的指标。随着发展认知神经科学的兴起,该任务更多用于脑电或脑成像研究的行为刺激任务。

测验干扰任务和 go/no go 任务是一种需要在计算机上完成的任务,以儿童的反应正确率和反应时作为判断指标,前者主要测查儿童的注意执行控制能力，后者则兼顾注意聚焦和动作冲动抑制能力，实质上都反映了自我控制核心成分，即冲动抑制。相较于其他 Stroop 任务，这两种 Stroop 任务控制更加严格，一般在实验研究中使用比较广泛。

第三节　问卷法

除了延迟满足范式与 Stroop 范式之外，问卷调查也是自我控制测量比较常用的一种方式。相比于延迟满足或 Stroop 范式，问卷法的最大缺点是可能存在主观偏差，但其优点也十分明显，即不仅可以在短时间内收集到大量资料，而且可以反映儿童在相对较长时间范围内的自我控制的一般水平。在大样本的研究中，问卷法是一种必选的测量手段。对于年幼儿童来说，由于其本身的语言理解能力有限，一般由主要抚养者和教师通过问卷对其自我控制能力进行评价，而年长儿童则可以进行自我报告。目前，国内已有一些使用广泛、信效度较好的自我控制问卷，下面将对这些问卷做简要的介绍。

1. 儿童行为问卷

西方的气质研究先驱者之一 Rothbart 在其社会生物取向的气质理论基础上发展出一系列测量儿童气质的问卷工具，这些工具涵盖的年龄范围非常广，囊括了从婴儿期到成人期。这些问卷分别是婴儿行为问卷（Infant Behavior Questionnaire，IBQ）、童年早期行为问卷（Early Childhood Behavior Questionnaire，ECBQ）、儿童行为问卷（Child Behavior Questionnaire，CBQ）、童年中期气质问卷（Temperament in Middle Childhood Questionnaire，TMCQ）、青少年早期气质问卷（Early Adolescence Temperament Questionnaire，EATQ）以及成人气质问卷（Adult Temperament Questionnaire，ATQ）。Rothbart 等人的气质理论认为人类气质是指个体在反应性和自我调控方面表现出来的具有遗传基础的差异。所以，人类对刺激反应的自我调控差异是一种人格特质，在其气质理论中作为一个独立的气质特质存在。但是在婴儿行为问卷中并没有明确列出努力控制分量表，之所以在婴儿行为问卷中没有涉及努力控制分量表，是因为她们认为在婴儿期，儿童的努力控制或自我控制还没有明显表现出来。Rothbart 及其团队在其他气质问卷中均编制努力控制分量表，在该分量表下又设置了若干子量表，具体每个量表所适用的年龄以及努力控制分量表下属的因子维度详见表 3－1。

表 3－1　Rothbart 气质问卷中负荷的努力控制维度

问　　卷	适用年龄	EC 因子	参考文献
童年早期行为问卷 Early Childhood Behavior Questionnaire（ECBQ）	18～36 个月	抑制控制 注意转移 低强度愉悦性 注意定向	Putnam，　Gartstein，　& Rothbart，（2006）
儿童行为问卷 Children Behavior Questionnaire（CBQ）	3～7 岁	抑制控制 注意集中 低强度愉悦性 注意定向	Rothbart et al.，（2001）
童年中期气质问卷 Temperament in Middle Childhood Questionnaire（TMCQ）	7～10 岁	抑制控制 注意定向 激活控制 低强度愉悦性 知觉敏感性	Simonds & Rothbart，（2004）
青少年早期气质问卷 Early Adolescence Temperament Questionnaire（EATQ－R）	9～15 岁	注意控制 抑制控制 激活控制	Ellis & Rothbart，（2001）
成人气质问卷 Adult Temperament Questionnaire（ATQ）	成人	注意控制 抑制控制 激活控制	Evans & Rothbart，（2007）

尽管在 Rothbart 及其团队所发展的气质测量工具中把涉及自我调控差异的特质维度命名为努力控制，但在绝大多数自我控制的测量中，研究者大量使用了儿童行为问卷中的努力控制分量表。随着儿童行为问卷被翻译为汉语、西班牙语、德语、意大利语等多种语言版本，努力控制分量表在各种文化的儿童自我控制研究中得到广泛使用，而且表现出良好的信效

度。儿童行为问卷在中国被试中使用的结果均表明具有较高的信度和效度（Ahadi，Rothbart，& Ye，1993；Rothbart et al.，2001）。努力控制分量表包括注意控制（如，"在书上画画或着色时，表现得很专注"）、抑制控制（如，"在告知要去的地方有危险时，他/她会放慢脚步，小心翼翼"）、低强度愉悦（如，"看电视或电影中的喜剧时，很少大声地笑"）和注意定向（如，"有时候会被某本图画书吸引，看好长一段时间"）等，采用 Likert 式 7 点记分。

2. 自我控制量表

西方学者编制的自我控制量表版本较多，但绝大多数问卷主要适用于成年人，而专门针对儿童的通用性自我控制问卷并不多，更多是针对具体领域的自我控制问卷，如延迟满足问卷、学业延迟满足问卷、情绪自我调节问卷等。

自我控制量表（Self - Control Scale，B - SCS）是由 Tangney 及其合作者（Tangney，Baumeister，& Boone，2004）编制而成，最初的版本有 36 个题目，主要测量个体的自我控制能力，使用的年龄范围比较广，从儿童到成年人均可以适用，在使用时只需要改变表述方式即可。该量表包括总体自律、冲动控制、健康习惯、工作或学习表现、可靠性五个维度。采用 Likert 式 5 点记分，从 1 到 5 表示"完全不符合"到"完全符合"。例如，"他/她能很好地抵制诱惑"。"有时候，娱乐或玩耍会影响他/她完成任务"。后 Tangney 等人又在完整版的基础上发展了简化版自我控制问卷，共 13 个题目，仍然是五个维度，且在使用时发现简化版在信、效度各项指标上与完整版差别不大。该量表在国内外也应用广泛（Maloney，Grawitch，& Barber，2012；范伟，钟毅平，李慧云，孟楚熠，游畅，傅小兰，2016），在实际应用中均表现出了良好的信效度。尽管该量表划分了维度，但研究者都习惯于以问卷总分来表示个体自我控制水平的高低。

3. 延迟满足问卷

由于延迟满足的研究范式比较耗时耗力，且不宜用于大样本研究。研究者根据延迟满足的内涵和理论发展了一些延迟满足问卷，用于测量儿童在不同延迟情境下对自己延迟满足倾向的觉知。如 Ray 和 Najman（1986）编制的延迟满足问卷共有 12 个题目，主要针对儿童在常见的奖赏或诱惑情境下，儿童获取奖赏的倾向以及行为反应。这是一种比较通用的延迟满足问卷。后期的学者针对儿童面对奖励物时的选择倾向而编制了奖赏选择问卷，该问卷主要测量儿童在面对四种不同奖励物（如钢笔、糖果、苏打汽水和金钱）的数量和延迟时间时所做出的选择倾向，以此来反映儿童的延迟满足能力或自我控制能力。后来学者针对学龄儿童，编制了版本众多的学业延迟满足问卷。

4. 国内代表性的自我控制问卷

国内对儿童自我控制进行比较系统研究的是杨丽珠教授团队。杨丽珠团队在经过 10 多年的研究探索之后，提出了中国儿童自我控制的结构，并根据中国儿童的自我控制结构编制了幼儿自我控制教师评定问卷和小学生自我控制问卷（杨丽珠，沈悦，2013）。她们在前期的访谈、开放式问卷、个案追踪观察的基础上，提出儿童自我控制的结构模型，即认为幼儿自我控制包括自觉性、坚持性、冲动抑制性和自我延迟满足四个方面。围绕这四个维度编制了相应的教师评定问卷，并进行了大样本数据的因素分析，因素分析的结果验证了幼儿自我控制的四维度模型，并且设计了自觉性、坚持性和冲动抑制的情境实验，进一步验证了幼儿自我控制教师评定问卷的效度。最终确定了 32 个项目的幼儿自我控制教师评定问卷，采用 Likert 式 5 点记分。在随后一系列研究中均表明该问卷具有良好的信效度。

同样，在前期访谈、开放式问卷的基础上，杨丽珠及其团队发展了适用于学龄儿童的小学生自我控制问卷。她们认为，除幼儿自我控制的四个方面之外，小学生由于自我意识的提高，对自己日常活动、学习、行为和情绪方面的监控和管理能力提高，有了更高的协调整合能力，因此在自我控制方面表现出明显的计划性。因此，小学生自我控制问卷增加了计划性维度，即问卷包括自觉性、坚持性、冲动抑制性、自我延迟满足以及计划性五个维度，采用 Likert 式 5 点记分，由小学生自我报告。通过大样本数据的因素分析，证实了小学生自我控制五维度结构的合理性，通过情境实验以及效标的关联分析，证明小学生自我控制问卷具有良好的效度。最终确定了38个项目的小学生自我控制问卷，在随后的一系列研究中都证明该问卷具有良好的信效度。

幼儿自我控制教师评定问卷和小学生自我控制问卷是目前国内最有代表性的儿童自我控制测量工具，且经过了反复的使用验证，尤其是幼儿自我控制教师评定问卷，相对于父母报告的问卷，具有相对比较客观的优势。

本章参考文献

[1] Mischel, W., Ebbesen, E. B. (1970). Attention in Delay of Gratification. *Journal of Personality and Social Psychology*, 16 (2), 329 – 337.

[2] Miller, D. T., Karniol, R. (1976). Coping strategies and attentional mechanisms in self – imposed and externally imposed delay situations. *Journal of Personality and Social Psychology*, 34 (2), 310 – 316.

[3] Vanghn, B. E., Kopp, C. B., & Krakow, J. B. (1984). The emergence and consolidation of self – control from eighteen to thirty months of age: Normative trends and individual differences. *Child Development*, 55 (3), 990 – 1004.

[4] Kochanska, G., Murray, K. T., Harlan, E. T. (2000). Effortful control in early childhood: continuity and change, antecedents, and implications for social development. *Development Psychology*, 36 (2), 220 – 232.

[5] Funder, D., Block, J. H. (1989). The role of ego – control, ego – resiliency and IQ in delay of gratification in adolescence. *Journal of Personality and Social Psychology*, 57 (6), 1041 – 1050.

[6] Newman, J. P., Kosson, D. S., Patterson, C. M. (1992). Delay of gratification in psychopathic and non psychopathic offenders. *Journal of Abnormal Psychology*, 101 (4), 630 – 636.

[7] Gerstadt, C. L., Hong, Y. J., Diamond, A. (1994). The relationship between cognition and action: performance of children 3 1/2 – 7 years old on a stroop – like day – night test. *Cognition*, 53 (2), 129 – 153.

[8] Wright, I., Waterman, M., Prescott, H., Murdoch – Eaton, D. (2003). A new Stroop – like measure of inhibitory function development: typical developmental trends.

Journal of Child Psychology and Psychiatry, 44 (4), pp 561 - 575.

[9] Gerardi - Caulton, G. (2000). Sensitivity to spatial conflict and the development of self - regulation in children 24 - 36 months of age. *Developmental Science*, 3 (4), 397 - 404.

[10] Putnam, S. P., Gartstein, M. A., Rothbart, M. K. (2006). Measurement of fine - grained aspects of toddler temperament: The early childhood behavior question- naire. *Infant Behavior & Development*, 29 (3), 386 - 401.

[11] Rueda M. R., Fan, J., McCandiss, B. D., Halparin, J. D., et al. (2004). Development of attentional networks in childhood. *Neuropsychologia*, 42 (8), 1029 - 1040.

[12] Rothbart, M. K., Ahadi, S. A., Hershey, K. L., et al. (2001). Investigations of temperament at three to seven years: The children's behavior questionnaire. *Child Devel- opment*, 72 (5), 1394 - 1408.

[13] Simonds, J., Rothbart, M. K. (2004). The temperament in middle childhood ques- tionnaire (TMCQ): a computerized self - report instrument for ages 7 - 10. Paper pres- ented at the Occasional Temperament Conference, Athens, GA.

[14] Ellis, M. S., Rothbart, M. K. (2001). Revision of the early adolescent temperament questionnaire, Poster presented at the Biennial Meeting of the Society for Research in Child Development, Minneapolis, MN.

[15] Evans, D. E., Rothbart, M. K. (2007). Developing a model for adult tempera- ment. *Journal of Research in Personality*, 41 (4), 868 - 888.

[16] Ahadi, S. A., Rothbart, M. K., & Ye, R. (1993). Children's Temperament in the U. S. and China: Similarities and differences. *European Journal of Personality*, 7 (5), 359 - 378.

[17] Tangney, J. P., Baumeister, R. F., & Boone, A. L. (2004). High self - control predicts good adjustment, less pathology, better grades, and interpersonal suc- cess. *Journal of Personality*, 72 (2), 271 - 324.

[18] Maloney, P. W., Grawitch, M. J., Barber, L. K. (2012). The multi - factor structure of the Brief Self - Control Scale: Discriminant validity of restraint and impul- sivity. *Journal of Research in Personality*, 46 (1), 111 - 115.

[19] 范伟, 钟毅平, 李慧云, 孟楚熠, 游畅, 傅小兰. (2016). 欺骗判断与欺骗行 为中自我控制的影响. 心理学报, 48 (7), 845 - 856.

［20］Ray, J. J., Najman, J. M. （1986）. The generalizability of deferment of gratifica-
tion. *Journal of Social Psychology*, 126 （1）, 117 – 119.

［21］杨丽珠, 沈悦. （2013）. 儿童自我控制的发展与促进. 合肥: 安徽教育出版社,
111 – 146.

第四章

学前儿童自我控制的发展与稳定性研究

　　自我控制发生、发展变化与其生理基础的自然成熟度以及环境的塑造度不可分。从 1 岁左右开始，随着大脑前额叶开始发育和注意网络的逐渐成熟，儿童已经表现出对自己情绪和行为的约束意识和能力，并且能够部分遵从成人的要求。儿童自我控制的发展过程，实际上是一个建立在生理逐步成熟基础上的社会规则内化和自动化过程。儿童最初表现出的自我控制行为是对成人或社会要求的顺从行为。逐渐地，儿童开始内化父母、教师等成人的规则和要求，并且能够根据这些外部的要求调节自己的情绪和行为以及伴随的生理过程。3 岁左右，儿童已经开始表现出内部驱动的自我控制行为（Kopp，1982），对成人或社会要求表现出的顺从被认为是儿童自我控制的最初原型，顺从意味着儿童要根据外部环境的要求，对自己的内部心理过程和外部行为进行调整以适应环境的要求。而成熟的自我控制是指根据个人目标或社会目标对自我行为进行更广泛意义上的调整和内化约束。儿童的顺从行为在学步期得到了进一步的发展，由刚开始的情境性顺从到后来的自愿顺从。情境性顺从是指儿童在成人监督下接纳或遵从成人的要求或规则，而自愿顺从是指儿童完全接纳养育者的规则，并且在没有外部监督的情况下自觉地遵从这些规则。情境性顺从行为在学步期开始出现，并且在 2 岁到 3 岁期间逐步过渡到自愿顺从行为。实证研究也表明自愿顺从能够预测儿童对成人规则的内化，而情境性顺从则不能预测（Kochanska，Coy，& Murray，2001）。

　　随着儿童认知能力、注意网络的逐渐成熟，儿童逐渐从顺从行为过渡到自我控制。自我控制的核心成分是执行注意，执行注意是指维持、转换注意及抑制和激活行为的能力（Posner，Rothbart，Sheese，& Tang，2007）。人类面对刺激时，在反应和调控过程中会表现出明显的差异。个体对刺激的反应系统成熟得相对较早，快速识别环境的危险并根据直觉做出决策对人类的生存具有重要意义，所以应对环境的反应性系统在遗传时间表上成熟较早。而人类通过认知系统对刺激进行精细加工，并根据加工结果做出决策的自我调控系统则成熟得相对较晚。人类反应性的脑功能区定位在后部区域，其在出生时就已开始发育且成熟较早，而调控系统的相应脑区为前扣带回和前额叶，其在儿童 1 岁左右才开始发育且持续到青少年期，甚至成年期才成熟（Posner, Rothbart, Sheese, & Tang, 2007；Rothbart & Rueda, 2005）。因此，个体出生后不久就能够对新异刺激进行注意、接近或回避，直到 9 ~ 18 个月时才开始主动关注刺激物，表现出初步的手眼协调能力，学着解决冲突或纠正错误。如，有研究表明 6 ~ 7 个月婴儿在预期寻找任务（即婴儿预期在之前出现过目标刺激物的位置上是否会再次出现该刺激物）的成绩与其后来的空间冲突任务上的成绩和母亲报告的自我控制的相关均不明显，而 24 个月或 30 个月儿童在预期寻找任务上的成绩与其后来的空间冲突任务上的成绩和母亲报告的自我控制显著相关（Rothbart, Ellis, Rueda, & Posner, 2003）。

学前期是儿童自我控制发展的关键阶段。自我控制能力在学前阶段得到明显的发展，这种发展一直持续到成人期。根据指令来抑制行为的能力一般在 24 ~ 36 个月之前很少出现。Kochanska 及其同事（Kochanska, Murray, & Harlan, 2000）设计了一组任务来测量自我控制的五种成分：延迟、降低动作活动性，抑制对信号的活动性，降低声音，以及努力注意。他们发现 22 ~ 33 个月之间的儿童，其自我控制的能力显著提高。儿童在诸如 "Simon says"（一种抑制行为的任务）等任务上的行为抑制能力在接近 44 个月时才出现，并且到 4 岁时发展就已相当好（Posner & Rothbart, 1998）。因为对自我控制具有举足轻重作用的执行注意系统在 30 个月左右时出现，相比 24 个月的儿童来说，30 个月龄的儿童在注意转换和抑制控制（Stroop 任务）上的表现显著提高。Stroop 任务是测查儿童自我控制的经典任务，该任务要求儿童转换注意并且要抑制相应的行为，36 ~ 38 个月龄的儿童在该任务上的反应更加精确（Posner & Rothbart, 1998）。那些 24 ~ 36 个月时在一系列 Stroop 任务上成绩提高比较快的儿童，在 30 ~ 36 个月时，父母对他们注意转换能力的评价也比较高（Gerardi - Caulton, 2000）。

儿童的自我控制具有相对稳定性。学步期（22 个月左右）观察到的努力控制能够显著预测其 33 个月和 45 个月时的自我控制（Kochanska &

Knaack，2003；Li‑Grining，2007），但是婴儿期的注意定向不能预测其2岁时的自我控制（Putnam，Rothbart，& Gartstein，2008）。可见，虽然儿童在婴儿期表现出了注意定向的能力，但注意定向仅仅是自我控制的一个方面，更重要的执行注意能力尚未在婴儿期发展成熟。因此，从婴儿期到学前期，儿童的自我控制并不稳定。有研究通过父母和教师评价的方式发现，4～6岁儿童的自我控制处于比较稳定的状态（Valiente et al.，2006）。有研究认为从学前期到学龄期，儿童的自我控制的稳定性不亚于智商，甚至高于智商（Kochanska & Knaack，2003）。由此可见，从学步期开始，儿童自我控制的发展具有相对稳定性和连续性。

从现有研究结果来看，学前阶段是儿童自我控制发展变化的关键年龄段，自我控制在9～14个月左右开始萌芽，2～6岁是快速增长阶段，该年龄段是儿童大脑前额叶皮层结构和功能快速发育时期，与之相对应的冲动克制、计划和情绪管理能力也快速提高。尽管以往研究已经对儿童的自我控制的稳定性和发展变化进行了研究，但这些研究更多是在西方文化背景中完成，在中国儿童样本中的研究比较欠缺，尤其需要进一步验证学前阶段儿童自我控制随时间变化的稳定性和发展变化。

儿童的自我控制无疑是随着年龄的增长而增强，但已有研究对儿童自我控制增长的形式和速率，以及个体的初始水平与增长速率的关系和个体差异等问题重视不够。搞清楚这些问题可为促进儿童健康发展和教育干预政策的制定提供科学依据。儿童的自我控制增长到底是呈线性增长还是非线性增长，目前尚未有定论。有人认为儿童自我控制的发展是呈线性增长，也有认为呈曲线增长。那么中国儿童的自我控制的发展到底是呈线性还是非线性增长，采用长期的追踪研究和多水平的分析是回答这一问题的关键。所以，需要更多的实证研究来证明，尤其是对学前阶段儿童的探讨在多种文化背景中加以证实，才更具普遍性。

综上所述，学步期的出现和初步发展到学前期的快速发展，儿童自我控制的稳定性如何？学前阶段，儿童自我控制发展的模式如何？究竟是呈线性增长还是非线性增长？增长速率与初始水平的关系，个体之间是否存在发展差异等问题目前还尚无定论。因此，本章分别通过横断研究和追踪研究设计，运用多个样本的数据来分析和说明学前阶段儿童自我控制的发展变化轨迹及稳定性。

第一节　学前儿童自我控制发展的横断研究

一、研究目的

通过横断研究来分析学前儿童（3～5岁）自我控制的发展变化规律。通过问卷调查和 Stroop 任务的方法来分析儿童在自我控制方面表现出的年龄差异和性别差异。

二、研究假设

（1）从3岁到5岁，儿童的自我控制能力明显提高，年长儿童的自我控制能力明显高于年幼儿童。

（2）从性别来看，女孩的自我控制能力明显高于男孩。

三、研究方法

（一）被试

本研究正式施测的被试选自兰州市一所大型幼儿园，该园属于一级一类园。从大、中、小班三个年级随机抽取了9个班的341名儿童作为本研究的被试，由儿童的父亲、母亲分别填写父亲问卷、母亲问卷。

共计发放父母亲问卷各341份，实际回收的有效母亲问卷296份（占86.8%），父亲问卷302份（占88.6%）；共有317名儿童参加了自我控制 Stroop 任务的测查。共计评价了341名儿童（年龄范围在34～74个月，$M = 52.95$，$SD = 9.66$），其中男孩192名（占56.3%），女孩149名（占43.7%）。在341名儿童中，小班儿童103名（占30.2%，年龄范围34～57个月，$M = 41.98$，$SD = 3.89$），中班儿童120名（35.2%，年龄范围

42～62 个月，$M = 52.10$，$SD = 3.48$），大班儿童 118 名（34.6%，年龄范围 45～74 个月，$M = 63.51$，$SD = 5.66$）。

母亲的受教育水平为：研究生及以上学历占 2.4%，本科学历占 25.9%，专科学历占 33.3%，高中或中专学历占 32%，初中及以下占 6.4%，有 1 名母亲未报告受教育水平。父亲受教育水平为：研究生及以上学历占 4.1%，本科学历占 28.7%，专科学历占 33.1%，高中或中专学历占 27%，初中及以下占 7.1%，有 6 名父亲的受教育水平数据缺失。家庭人均月收入在 5000 元以上的占 5.1%，处于 2500～4000 元的占 17.5%，1500～2500 元的占 34.2%，800～1500 元的占 36%，800 元及以下的占 7.2%，另有 10 个家庭没有报告家庭收入情况。

（二）研究工具

自我控制的问卷测量。本研究采用 Rothbart 等人（2001）编制的简版儿童气质问卷（CBQ）中的努力控制分量表来测查儿童的努力控制。根据 Rothbart 的理论界定及大多数相关研究中使用该问卷的结果和沿用习惯采用抑制控制（Inhibitory Control）、注意集中（Attentional Focusing）、注意转换（Attention Shifting）、低强度愉悦（Low Intensity Pleasure）以及知觉敏感性（Perceptual Sensitivity）五个亚分量表来测查儿童的努力控制。抑制控制分量表主要测查儿童在新异或不确定环境中计划或抑制不适宜反应的能力；注意集中分量表主要测查儿童在相关任务上保持注意力的能力；注意转换主要测查儿童把注意力从一个任务转换到另一个任务上的能力；低强度愉悦分量表主要测查儿童对低刺激强度，刺激频率以及低新异或复杂性刺激的高兴和愉悦程度；知觉敏感性分量表主要测查觉察外部低强度或轻微刺激的敏感程度。其中，抑制控制、注意集中、知觉敏感性三个亚分量表分别由 6 个项目组成，低强度愉悦分量表由 8 个项目组成，注意转换分量表由 5 个项目组成，总计 31 个项目。这些分量表都采用 Likert 式 7 点记分，从 1 到 7 表示"非常不符合"到"非常符合"，由儿童的母亲报告。

自我控制的 Stroop 任务测量。测查包括三个经典的 Stroop 任务：草雪任务、日夜任务、鲁利亚手指任务。由于工作量和可行性的原因，只有来自兰州市一所大型幼儿园的 317 名儿童完成了三个 Stroop 任务的测查。

草雪任务（grass/snow task）：在儿童的面前放置一块纸板，纸板的左右上方分别有一块白色和绿色的区域。先让儿童确认绿色代表"草"，白色代表"雪"。然后主试告诉儿童；当主试说"草"的时候，儿童用手去指绿色的区域；当主试说"雪"的时候，儿童用手去指白色的区域。等儿童练习确认后，主试随机给儿童发出"草""雪"指令，儿童根据指令用手去指相应的区域。进行 4 组任务以后，主试告诉儿童，这次要反着说，当儿童听到"雪"的时候要用手去指绿色的区域，当听到"草"的时候，要指白色的区域。同样等儿童练习确认后，进行 4 组任务。最后根据儿童的指认情况记分，儿童完全指认正确记 2 分，由错误改为正确记 1 分，完全指认错误或由正确改为错误记 0 分。

日夜任务（day/night task）：给儿童呈现 12 张太阳和月亮的卡片，让儿童确认太阳代表白天，月亮代表黑夜。然后主试邀请儿童做游戏，当主试给儿童呈现太阳卡片的时候，要求儿童说"白天"；呈现月亮图片的时候，要求儿童说"晚上"，等儿童练习确认后，主试给儿童随机呈现 6 张太阳和月亮的图片，要求儿童说出相应的时间。进行 6 组任务后，主试告诉儿童，这次要反着做，当儿童看到太阳图片的时候，要说"晚上"，而不能说"白天"；看到月亮的时候，要说"白天"。等儿童练习确认后，再进行 6 组任务。最后根据儿童的指认情况记分，儿童完全指认正确记 2 分，由错误改为正确记 1 分，完全指认错误或由正确改为错误记 0 分。

鲁利亚手指任务（Luria's hands task）：邀请儿童参加一个手指游戏。主试把手放在身后，告诉儿童，当主试出 1 个手指的时候，儿童也要出 1 个手指；主试出 2 个手指的时候，儿童也要出 2 个手指。等儿童练习确认后，主试用手随机向儿童呈现 5 组任务。然后，主试告诉儿童，这次要反着做，主试出 1 个手指的时候，儿童要出 2 个手指；主试出 2 个手指时，儿童要出 1 个手指。等儿童练习确认后，主试向儿童随机呈现 5 组任务。最后根据儿童的指认情况记分，儿童完全指认正确记 2 分，由错误改为正确记 1 分，完全指认错误或由正确改为错误记 0 分。

（三）研究程序

第一步，征求家长意见。利用幼儿园家长会的时间，向家长发放知情同意书，并向家长说明本研究的目的和意义。

第二步，培训主试。首先，主试熟读测验手册，统一指导语。其次，主试一对一进行练习。两名主试对全部测验任务进行一对一的练习。最后，进行预测验。根据主试的熟练程度，决定是否需要进一步练习，直到完全熟练为止。

第三步，正式施测。首先，利用家长接送孩子的时间，向家长发放问卷，并详细说明填写问卷的指导语和说明。家长填写完问卷后两周之内把填写完毕的问卷送回主班教师处，最后统一收回。最后，对自我控制的任务测查由主试在一间安静的房间里对儿童逐一测试完成。

（四）统计分析方法

本研究采用SPSS16.0统计软件进行了统计分析。主要使用了独立样本T检验、方差分析等统计方法。

四、研究结果

（一）儿童自我控制的年龄差异

对儿童自我控制的描述统计结果见表4-1。

表4-1　儿童自我控制的描述统计结果

	总样本			男　孩			女　孩		
	N	M	SD	N	M	SD	N	M	SD
自我控制（M）	296	5.10	0.47	173	120.90	11.59	123	124.38	10.46
自我控制（E）	317	9.53	1.93	173	9.37	2	144	9.72	1.83

注：括号中的字母表示该变量的测查来源。M表示母亲报告的数据，E表示研究人员测查的数据。

为了考察儿童自我控制的年龄与性别差异，对儿童的自我控制进行了

2（性别：男，女）×3（年龄：3岁，4岁，5岁）方差分析（ANOVA），结果见表4-2。

表4-2　儿童自我控制的年龄与性别差异结果（ANOVA）

变量	年　龄			F	η^2	性　别		F	η^2
	3岁	4岁	5岁			男　孩	女　孩		
	M/SD	M/SD	M/SD			M/SD	M/SD		
自我控制（M）	5.03/ 0.51	5.10/ 0.43	5.18/ 0.47	2.30 +	0.02	5.03/ 0.48	5.18/ 0.44	6.98 **	0.02
自我控制（E）	8.15/ 1.88	9.85/ 1.72	10.83/ 0.94	66.75 ***	0.46	9.37/2	9.72/ 1.83	1.55	0.07

注：+表示 $p < 0.10$，* 表示 $p < 0.05$，** 表示 $p < 0.01$，*** 表示 $p < 0.001$。

由表4-2可知，父母报告的儿童自我控制年龄主效应达到边缘显著（$F_{(2,293)} = 2.30$，$p < 0.10$，$\eta^2 = 0.02$），但Stroop任务测查的儿童自我控制具有显著的年龄主效应（$F_{(2,314)} = 66.75$，$p < 0.001$，$\eta^2 = 0.46$），年长儿童的自我控制水平显著高于年幼儿童。事后检验（Tukey）的结果表明，5岁组儿童的自我控制水平显著高于3岁组和4岁组，4岁组儿童高于3岁组，这个结果说明儿童自我控制具有显著的发展效应，儿童的年龄越大，其控制水平也越高。方差分析的结果表明，性别与年龄对自我控制交互作用均不显著，说明性别与年龄对自我控制不存在交互作用。根据表4-2的结果可知，父母报告的儿童自我控制存在显著的性别差异（$F_{(1,294)} = 6.98$，$p < 0.01$，$\eta^2 = 0.15$），女孩自我控制显著高于男孩。在Stroop任务测查的自我控制上，男孩与女孩不存在显著的性别差异。这说明男孩与女孩在自我控制上存在着显著差异，女孩的控制能力要优于男孩。

由图4-1和图4-2可知，对3~5岁儿童自我控制来说，随着儿童年龄的增长，其自我控制水平也随之出现了上升趋势。图4-1描述了父母报告的儿童自我控制的发展趋势，根据图中的结果我们可以知道，随着儿童年龄的增加，其行为控制水平不断提高，而且这种差异水平达到了统计上的边缘显著性水平。图4-2描述了Stroop任务测查的儿童自我控制，随着年龄的增加，儿童的自我控制出现了明显的增长，4岁组和5岁组明显高于 3 岁组。总体来说，随着儿童年龄的增长，其自我控制水平也随之提高。

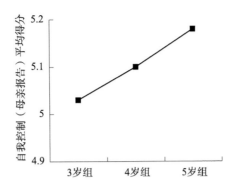

图 4－1　学前儿童自我控制（问卷调查）的发展趋势

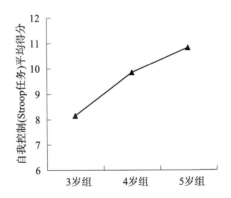

图 4－2　学前儿童自我控制（任务测查）的发展趋势

（二）儿童自我控制的性别差异

为了更加直观形象地描述儿童自我控制的性别差异，我们根据自我控制的平均分绘制了直方图（见图 4－3，图 4－4）。

从图 4－3 中我们可以明显看出，在父母报告的儿童自我控制中，女孩的得分明显高于男孩。由图 4－4 可知，在 Stroop 任务测查的控制水平上，女孩的控制水平高于男孩，但未达到统计上的显著性水平。由此可见，女孩在自我控制的发展上要优于男孩。

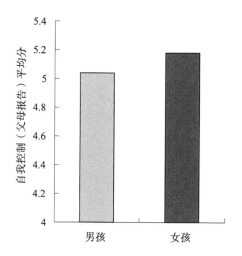

图 4 – 3　学前儿童自我控制性别比较（父母报告）

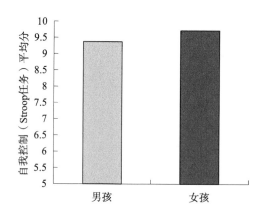

图 4 – 4　儿童自我控制的性别比较（Stroop 任务）

五、讨论

　　首先，我们通过横断研究设计，采用问卷调查和 Stroop 任务测查相结合的方法对 300 余名儿童的自我控制发展趋势进行了分析。研究结果表明无论是母亲报告的数据还是 Stroop 任务测查的数据，从变化趋势上来看，两种测量方法所获得的数据都显示学前阶段儿童的自我控制呈明显的递增趋势。虽然母亲报告的儿童自我控制的年龄主效应只达到了边缘显著作用，但 Stroop 任务测查的自我控制的年龄主效应非常显著，5 岁儿童的自我控制明显高于 3 岁和 4 岁儿童，而 4 岁儿童的自我控制也明显高于 3 岁儿童。从性别差异分析的结果来看，父母报告的儿童自我控制表现出了明显的性别差异，女孩的自我控制水平明显高于男孩，而 Stroop 任务测查的自我控制则并没有表现出明显的性别差异。

横断研究的结果与研究的预期假设比较一致，3～5 岁儿童的自我控制具有非常明显的发展趋势，年长的儿童自我控制水平要显著高于年幼儿童。从社会生物的气质理论来看，自我控制是个体气质的一个重要特质，是指个体对受环境刺激反应性过程的调节能力。气质反应性与自我调节的生理基础的发育时间不同，反应性的注意系统受大脑后定向系统的控制，而自我调节的注意系统受大脑前定向系统的控制；大脑后定向系统在生命的早期就开始发育并发挥作用，而前定向系统在生命第一年的中后期才开始发育。因此，气质的反应性特征在儿童的早期就开始出现并有所发展，而自我调节的气质特征出现较晚。自我调节一般在学步期开始出现，学前阶段（3～7 岁）是快速发展的阶段。虽然本研究采用的是横断设计，无法说明个体自我控制上的相对位置的变化，但是可以说明二者在绝对水平上的变化，并且与已有的这些研究结果都比较一致，即儿童的自我控制在学前阶段有明显的发展趋势。本研究从横断的角度为 Rothbart 有关气质发展生理机制的假设提供了实证依据，也进一步丰富和补充了前人追踪研究的结果。

从性别差异上来看，本研究发现儿童的自我控制存在性别差异，女孩的自我控制水平显著高于男孩。自我控制的性别差异，目前的研究结果也相对比较一致。大多数研究结果都认为女孩的自我控制水平要高于男孩，如一项元分析的结果表明，在外向性与自我控制方面具有明显的性别差异，男孩在外向性维度上要明显高于女孩，而女孩在努力控制维度上明显高于男孩（Else‐Quest, Hyde, & Goldsmith et al. , 2006）。并且，无论是父母报告，还是教师评价的儿童自我控制都发现女孩的自我控制水平要高于男孩（Liew, Eisenberg & Reiser, 2004；Kochanska & Knaack, 2003），女孩更能够抑制自己的优势反应，去顺从或执行成人要求的劣势反应

（Eisenberg，Sadovsky，& Spinrad et al.，2005），本研究再次验证了这一结果。

然而，本研究仅仅是一项横断研究，比较了不同年龄段儿童的自我控制水平的差异，无法排除不同年龄群体之间的异质性。所以本研究的结果只能粗略地说明儿童自我控制发展的一种趋势，而无法精细地描述儿童自我控制发展变化的轨迹。此外，本研究尽管采用了母亲报告与 Stroop 测查两种方法，而且两种方法获得数据表现出了同样的发展趋势，但是母亲报告数据的年龄主效应仅仅达到了边缘显著，而 Stroop 任务测查的数据并不存在性别差异。我们很难判断究竟是哪一种数据来源更可靠，因为每种方法都有它的优势和劣势。父母报告的数据能够反映一段时间内儿童自我控制的整体表现，而 Stroop 任务则能够更加客观和精细地反映儿童自我控制能力的水平。从国内外绝大多数研究来看，这两种方法的使用都非常普遍。本研究中两种数据没有很好出现吻合的原因可能与样本量有关系，从调查研究的角度来看，300 人的样本还偏小，分配到每个年龄段的被试就更少，每个年龄组的被试量较少就有可能会出现取样偏差，从而导致统计检验力降低。

综上所述，本节的横断研究结果初步表明中国学前儿童的自我控制呈明显增长趋势，女孩的自我控制明显高于男孩。由于样本量的限制，两种方法测量的自我控制在性别差异方面并没有表现出明显的差别。在后面的研究中，我们采用了追踪研究分析了学前儿童自我控制发展变化规律。

六、研究结论

（1）横断研究表明，学前儿童的自我控制呈明显的增长趋势，年长儿童的自我控制能力明显高于年幼儿童。

（2）横断研究表明，学前阶段，女孩的自我控制能力明显高于男孩。

第二节　学前儿童自我控制发展的追踪研究

一、研究目的

通过两个样本的追踪研究来分析学前儿童自我控制稳定性及其发展变化规律。通过问卷调查、延迟满足任务来分析学前儿童随时间发展变化的规律以及相对稳定性。

二、研究假设

（1）从 4 岁到 6 岁，儿童的自我控制具有中等程度的稳定性，4 岁时自我控制较高的儿童，在其 6 岁时自我控制水平也较高。

（2）从 2 岁到 7 岁，儿童的自我控制具有中等程度的稳定性，4 岁时自我控制较高的儿童，在其 6 岁时自我控制水平也较高。

（3）从 4 岁到 6 岁，儿童的自我控制呈现线性增长模式，个体的初始发展水平和增长速率存在着明显的个体差异，并且初始水平与增长速率呈正相关，初始水平较高的儿童，其自我控制的增长速率也较快。

（4）从 2 岁到 7 岁，儿童的自我控制呈现线性增长模式，个体的初始发展水平和增长速率存在着明显的个体差异，并且初始水平与增长速率呈正相关，初始水平较高的儿童，其自我控制的增长速率也较快。

三、研究方法

（一）被试

样本一：采用整群抽样的方法从某市 6 所幼儿园选取了 541 名小班儿童作为最初的被试，经征求意见，有 474 名儿童（$M_{年龄} = 50.92$ 个月，$SD = 4.21$ 个月）及其父母同意参加研究，其中男孩 264 名，女孩 210 名。家庭人均月收入介于 500～50000 元（$M_o = 2000$ 元）。母亲平均年龄为

31.64（±3.72）岁，受教育程度大专以上占 45%，其中 15 人未报告受教育程度；父亲受教育程度大专以上占 49%，其中 23 人未报告受教育程度。家庭人均月收入介于 400～30000 元（$M_o = 2000$ 元）。由于搬家、转学等原因而导致部分被试流失。对流失被试与继续参加的被试在第一年测查的自我控制上的 t 检验结果表明，第二年流失被试与继续参加的被试在第一年的自我控制（$t_{(470)} = -0.59$，$p > 0.05$）上不存在显著差异。第三年流失被试与继续参加的被试在第一年的自我控制（$t_{(470)} = 1.14$，$p > 0.05$）不存在显著差异。这说明样本的流失是随机的。

样本二：采用电话招募的方式，从南京市妇幼保健院选取 2006 年 6 月至 2007 年 3 月出生的儿童及其父母作为研究对象。被试筛选条件为：父母双方平均年龄在 28 岁以上；出生时间在 2006 年 6 月至 2007 年 3 月的健康婴儿；婴儿为第一胎婴儿；排除先天不足、双胞胎等婴儿。在儿童 2 岁、4 岁和 7 岁的时候，邀请儿童及其父母参加实验室观察和问卷调查。在此期间，由于搬家、更换联系方式等原因存在一定的流失现象。具体而言，有效参加 2 岁实验研究的儿童有 280 人，4 岁时参加实验室活动的儿童有 303 人，7 岁时参加实验室观察活动的儿童有 194 人，三个时间点均参加的有 138 个家庭。初测时母亲平均年龄（±标准差）为 28.76（±3.53）岁，父亲平均年龄（±标准差）为 31.28（±4.95）岁。母亲受教育程度在高中及以下的有 38 人（16.9%），大专及本科学历的有 163 人（72.4%），硕士及以上学历的有 22 人（9.8%），未填写 2 人（0.9%）。父亲受教育程度在高中及以下的有 35 人（15.5%），大专及本科学历的有 153 人（68%），硕士及以上学历的有 32 人（14.2%），未填写 5 人（2.2%）。针对 4 岁和 7 岁时流失与未流失的被试在 2 岁时的自我控制进行独立样本 T 检验，结果发现 4 岁和 7 岁流失被试与未流失被试在自我控制上不存在显著性差异（$t_{4岁} = 1.01$，$df = 288$，$p > 0.05$；$t_{7岁} = 0.32$，$df = 278$，$p > 0.05$）。

（二）研究工具

样本一：儿童行为问卷（Child Behavior Questionnaire，CBQ）。该问卷

由 Rothbart 等人（2001）编制，用于测查 3 ~ 7 岁儿童的气质。问卷包括外向性或活跃性（Extraversion/Surgency）、消极情绪性（Negative affectivity）和努力控制（Effortful control）三个大维度，每个大维度下又包含若干子维度。儿童行为问卷在中国被试中使用的结果均表明具有较高的信度和效度。该量表为 likert 式 7 点记分，由儿童的母亲进行报告。在三年的测查中，努力控制分量表的内部一致性系数分别为：0.75，0.75，0.76，可见努力控制分量表在三年的测量中具有较好的信度。

样本二测查任务。

延迟满足任务。该实验范式最初由 Mischel 和 Ebbesen（1970）设计，主要用来研究儿童的自我控制。该延迟满足任务在多种文化的研究中被证实具有良好的信效度。本研究根据中国实际情况及儿童年龄发展对该研究范式做出相应调整和修改，具体程序如下。

2 岁：主试带来一张纸和四支彩色画笔，安排儿童坐在小椅子上。给儿童展示画笔，并陪儿童画一会儿。然后告诉儿童"我有事情要出去一会，你先不要画，等我回来你再画。重复至儿童口头答应或点头，主试走出房间并关上门，1 分钟后回来，告诉儿童可以画了。

4 岁：主试带来两种食品，将儿童安置在小椅子上坐下。然后询问儿童更喜欢哪一个，待儿童选出自己喜欢的食品后，主试把该食品分成一份多的和一份少的，告诉儿童"我有事情要出去一会，你先不要吃，等我回来你再吃。如果你等不及的话，就摇一下铃铛，这样我就会回来了，但是这样的话你就只能吃少的这一份。如果你能等到我自己回来的话，你就可以得到多的这一份"，重复至儿童口头答应或点头，主试走出房间并关上门，7 分钟后回来，告诉儿童可以吃了。

7 岁：主试带来一个平板电脑（型号为 Lenovo A1020 – T）和一个铃铛。让儿童坐在小椅子上，打开平板电脑给儿童展示上面的游戏，儿童自己选出一个最喜欢的游戏，告诉儿童"我有事情要出去一会，你先不要玩，等我回来你再玩。如果你等不及的话，就摇一下铃铛，这样我就会回来了，但是这样的话你就只能玩一分钟。如果你能等到我回来的话，你就可以玩 5 分钟"，重复至儿童口头答应或点头，主试走出房间并关上门。

10 分钟后回来，告诉儿童可以玩了。

在等待期间，主试从另一侧的单向玻璃中观察儿童，如果儿童画了、吃了、玩了或者摇铃铛，则表明该实验结束。如果儿童等到主试自己回来，即实验最大时长，则表明儿童自我控制水平比较高。整个延迟任务过程中，由两台高清摄像头和录像机全程记录儿童的全部行为。

最后所得视频由经培训后的 6 名心理学专业的研究生进行编码，采用潜伏时间的比率一致性作为编码信度，该一致性均在 95% 以上。本研究不仅要求儿童在实验过程中不要画画、吃掉零食和玩游戏，还要求儿童不要触摸诱惑物。因此，本研究在考虑儿童自我控制指标的同时考虑了儿童触摸诱惑物的潜伏时间和任务结束的潜伏时间。自我控制指标为儿童触摸诱惑物和任务结束的时间之平均数。数据分析中，所采用指标为儿童触摸诱惑物的潜伏时间和任务结束的时间之平均数（单位：秒）。

（三）研究程序

样本一：在正式研究之前，本研究进行了预研究。预研究的主要目的是对部分研究工具在中国文化背景下进行了修订和验证。首先，正式研究的样本选取。研究者通过被试所在地妇幼保健机构随机选取了 6 所幼儿园，通过园方向家长发放知情同意书，确定同意参加的人数。其次，培训主试。对承担本研究实测任务的心理学研究生进行了培训，统一指导语。最后，施测。分别在每年春季学期进行一次测查，共进行三次测查。主试向幼儿园教师和保育人员说明本研究的目的，以及问卷指导语和注意事项。主试与班级主班教师利用家长接送孩子的时间，向家长说明问卷的填写指导语和注意事项，要求家长在两个星期内填写完问卷并交到主班教师处，最后由主试从主班教师处统一收回。

样本二：在儿童 6 个月时，通过电话招募的方式，从南京市妇幼保健院随机选取健康的婴儿及家庭作为研究对象。在儿童 2 岁、4 岁和 7 岁的时候邀请儿童及其父母来到实验室，儿童参加实验室观察活动，在研究中儿童主要完成了延迟满足任务，父母在另一边的休息室完成相应问卷。如果父母只来一方，则由其带回请另一方填写完整后在两星期内通过邮寄的方式收回。

（四）统计分析方法

采用 SPSS16.0 统计软件进行了数据录入与管理，采用积差相关分析对两个样本儿童意志控制的相对稳定性进行了统计分析，采用潜在增长模型分别对两个样本儿童的自我控制发展变化规律进行了分析。

四、研究结果

（一）学前儿童自我控制的相对稳定性

首先，本研究对样本一和样本二的数据进行了相关分析，结果分别见表 4 - 3 和表 4 - 4。相关系数的高低说明了儿童自我控制的相对稳定性大小。由表 4 - 3 可知，第一个样本的儿童，其第一年测查的自我控制与第二年（$r = 0.66$，$P < 0.001$）、第三年测查的自我控制显著正相关（$r = 0.53$，$P < 0.001$），第二年与第三年测查的自我控制也显著正相关（$r = 0.60$，$P < 0.001$）。该结果表明，从 4 岁到 6 岁，儿童的自我控制具有中高程度的相对稳定性，那些在早期表现出较高自我控制能力的儿童，在随后的发展中仍然表现出了较高的自我控制能力。尽管儿童自我控制在三个测查时间点上两两之间的相关系数均在 0.53 以上，但不能因此说明自我控制是稳定不变的。

表 4 - 3　样本一自我控制三个时间点的描述统计及相关分析结果

变　量	M	SD	1	2	3
1　T1 自我控制（量表测查）	4.85	0.75	1.00		
2　T2 自我控制（量表测查）	4.95	0.72	0.66 ***	1.00	
3　T3 自我控制（量表测查）	4.97	0.75	0.53 ***	0.60 ***	1.00

注：T1 表示第一年测查的数据，T2 表示第二年测查的数据，T3 表示第三年测查的数据， + $p < 0.10$　* $p < 0.05$，** $p < 0.01$，*** $p < 0.001$，下同。

表4-4　样本二自我控制三个时间点的描述性统计及相关分析

变量（单位：秒）	M	SD	1	2	3
1　T1 自我控制（延迟满足行为观察）	13.63	19.53	1.00		
2　T2 自我控制（延迟满足行为观察）	193.9	149.23	0.20**	1.00	
3　T3 自我控制（延迟满足行为观察）	437.41	143.58	0.20**	0.21**	1.00

由表4-4可知，通过实验室延迟满足的行为观察，儿童2岁（T1）时的自我控制能力（延迟满足能力）分别与4岁（T2）（$r=0.20$，$p<0.01$）、7岁（T3）时的自我控制能力显著正相关（$r=0.20$，$p<0.01$），儿童4岁时的自我控制与其7岁时的自我控制也显著正相关（$r=0.21$，$p<0.01$）。这说明从2岁到7岁，通过实验室延迟任务测查的儿童自我控制具有中低程度的相对稳定性，那些在2岁时表现出较强延迟能力的儿童，在7岁时也仍然表现出了相对较好的延迟能力。然而，相对于样本一的结果，样本二的相关系数较低，即样本二儿童自我控制的相对稳定性较差。可能的原因有三：第一，年龄跨度不同。样本二的儿童是从2岁开始追踪，从2岁到7岁，年龄的跨度较大，2~7岁是儿童自我控制快速发展变化的阶段，尤其是从2岁到4岁，自我控制的变化非常迅速。第二，测量的手段不同。相对于样本一的心理量表测查法，样本二虽然采用了相对客观的延迟满足任务，但其是在完全陌生的环境中通过情境诱发的一种抵制诱惑的行为表现，受偶然性的因素影响较大，而且不能全面反映儿童在日常中的行为表现。第三，测量间隔不同。样本一是每间隔一年测查一次，而样本二是每间隔2~3年进行一次测查。因此，测查间隔时间的不同可能也是导致两个样本研究结果有差别的因素之一，间隔时间的长短会影响对儿童自我控制发展变化关键点的把控。

（二）学前儿童自我控制的发展变化轨迹

前面相关分析的结果说明了儿童的自我控制具有中等程度的相对稳定性，但却无法说明儿童自我控制发展变化的轨迹，儿童的自我控制究竟是呈线性增长还是曲线增长？其初始水平与增长速率是否具有个体差异？二者是否存在相关，即初始水平较高的个体，是否在后期的增长速度也较快？对这些问题的澄清，将使研究者进一步深入认识儿童的自我控制发展变化的规律。

我们分别构建了样本一和样本二儿童自我控制发展在三个测量时间点上的线性潜在增长模型，分别见图 4 - 5 和图 4 - 6。样本 1 儿童的测量时间点为三次，每间隔一年测量一次，因此增长速率的斜率因子的载荷设定为 0，1，2。样本 2 儿童的测量时间点也是三次，但间隔时间点并不完全等同，所以我们以第一个时间间隔为基线，分别设定斜率的因子载荷为 0，2，3.5。采用潜在增长模型的分析方法，分别对样本 1 和样本 2 儿童的数据进行了分析，以回答儿童自我控制初始水平和增长速率的个体差异。潜在增长模型的结果表明，样本一的模型拟合指数为：$\chi^2 = 1.36$，$df = 1$，$CFI = 0.93$，$TLI = 0.80$，$RMSEA = 0.04$，$SRMR = 0.03$；样本 2 的模型拟合指数为：$\chi^2 = 0.91$，$df = 1$，$CFI = 1.00$，$TLI = 1.00$，$RMSEA = 0.00$，$SRMR = 0.01$。说明两个样本儿童自我控制符合线性增长模型，各项拟合指数达到了统计学的要求。两个样本的潜在增长模型分析结果见表 4 - 5。

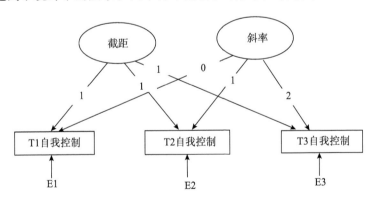

图 4 - 5　样本一自我控制潜变量线性增长假设模型

由表 4 - 5 可知，样本一数据的截距和斜率的平均值和个体之间的变异都非常显著，这说明样本一儿童意志控制的初始水平和增长速率都存在着显著的个体差异，并且截距与斜率的相关也显著。这说明从 4 岁到 6 岁，儿童意志控制呈线性增长，平均初始水平和增长速率存在明显的个体差异，初始水平较高的儿童，其后的增长速率也较高。

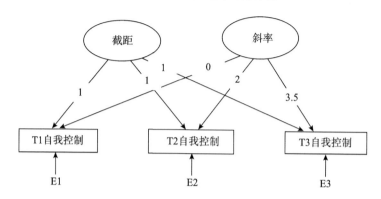

图4-6 样本二自我控制潜变量线性增长假设模型

表4-5 两个样本自我控制的潜在增长模型分析结果

	截距（Intercept）		斜率（Slope）		截距-斜率相关
	Means	Variance	Means	Variance	
样本一	4. 86 ***	0. 43 ***	0. 07 ***	0. 04 *	0. 06 *
样本二	0. 22 ***	0. 04 +	0. 26 ***	0. 01	- 0. 01

　　样本二数据的平均截距和平均斜率存在着显著的个体差异，但截距和斜率之间的相关不显著。这说明从2岁到7岁，通过延迟满足任务测查的儿童自我控制呈线性增长，初始水平和平均增长速率存在着显著的个体差异，但初始水平的高低与后期的增长速率之间没有明显的关系。

　　综合来看，两个样本的潜在增长模型分析结果至少都说明整个学前阶段，儿童的自我控制都呈快速的线性增长模式，初始水平和增长速率都存在着明显的个体差异，即儿童之间的初始水平和增长速率并非是整齐划一的。两个样本的研究结果不一致之处是，样本一的结果说明儿童自我控制的初始水平与增长速率正相关，即自我控制初始水平较高的儿童，其后期的增长速率也较高，而样本的结果表明二者不相关，即样本2儿童自我控制的初始水平与后期的增长速率之间没有明显的共变关系。

五、讨论

　　本研究发现从4岁到6岁或者从2岁到7岁，儿童的自我控制具有中高程度的相对稳定性，并且随时间呈线性增长模式，初始发展水平与增长速率存在着明显的个体差异。从问卷调查的数据结果来看，自我控制初始水平与增长速率正相关，初始水平较高的儿童，其自我控制的增长速率也较快。这说明儿童的自我控制在个体内水平上，具有较好的相对稳定性，早期表现出较高自我调控水平的儿童，在后期也表现出了较高的自我控制水平。从儿童自我控制个体间的发展水平来看，在初始发展水平和增长速率上具有明显的个体间差异，这说明学前儿童的自我控制从一开始就存在着明显的个体差异，有的儿童在进入学前期之初就具有较高的自我控制水平，而有的儿童在进入学前期之初自我控制水平相对较低；除了在初始水平上存在差异之外，后期的发展速率也存在着明显的个体差异，有的儿童后期增长的速度较快，而有的儿童则增长较慢，而且学前初期自我控制水平较高的儿童，在整个学前期增长的速率也较快。从生理发展的角度来看，本研究的结果符合神经科学关于大脑皮层发育的时间进程规律。自我控制的核心要素是执行注意，即维持、转换注意及抑制和激活行为的能力（Posner, Rothbart, Sheese, & Tang, 2007）。执行注意系统相应脑区为前扣带回和前额叶，其在一岁半左右才开始发育且持续时间较长，在学前阶段加速发展，一直持续到青少年晚期，甚至成人期（Rothbart, Ellis, Rueda, & Posner, 2003；Rothbart, Sheese, Rueda, & Posner, 2011）。个体大脑优先发展的是应对环境的自动化反应系统，如回避危险、渴望美食等，到了学步期之后，自我调控系统才开始发展，所以婴儿出生后不久就能够对新异刺激进行注意、接近或回避，直到 9 ~ 18 个月时才开始主动关注刺激物，表现出初步的手眼协调能力，学着解决冲突或纠正错误。学步期儿童注意控制刚开始发展，与注意网络系统发展密切相关，而 2 岁时儿童的注意控制还尚未完全成熟。有研究表明 2 岁儿童解决空间冲突任务的能力还很差，但到了 3 岁以后，解决任务的准确性得到提高，反应时间也更短（Rueda, Fan, McCandiss, Halparin et al., 2004）。学前阶段儿童的自我控制既保持了相对的稳定性，又呈线性增长。有研究证实学步期观察到的自我控制能够显著预测其 33 个月和 45 个月时的自我控制，4 ~ 6 岁儿童的自我控制处于比较稳定的状态（Kochanska & Knaack, 2003）。认知神经科学的研究证据表明，前扣带回和前额叶发育的早晚与个体行为控制能力密切关联（Posner, Rothbart, & Sheese, 2007；Posner & Rothbart, 2007）。这说明从学步期开始，尤其是儿童大脑前额叶和前扣带回的快速发育，使得这些脑区对本能冲动行为所对应的脑区的调控能力增强，儿童开始表现出较强的自我调控能力，而且人类这些脑区的发育一直持续到青少年晚期，乃至成年期，所以从学前期到学龄期，儿童的自我控制既表现出了快速的增长，同时又保持了相对的稳定性，这种稳定性不亚于智商，甚至高于智商。这也从一个侧面说明初始水平较高的儿童，其自我控制相应脑区的发育可能较早，从而表现出较强的行为约束能力。

我们研究的最大特色是采用了两个不同的样本对儿童在整个学前期的自我控制进行了追踪研究，追踪研究最大特色是可以持续对同一样本的某种心理品质的发展变化进行分析。我们研究的第一个样本是从 4 岁追踪到 6 岁，第二个样本是从 2 岁追踪到 7 岁，而且两个样本分别采用了不同的测量方法，第一个样本采用的是问卷测量，第二个样本采用的是延迟满足。两个样本基本上横跨了学步期到学龄初期，这一时间段刚好是儿童自我控制发展的关键年龄段。最重要的是，我们研究中两个样本的结果都说明了随着儿童年龄的增长，自我控制的水平也迅速提高，总体的个体间差异处于中等程度的稳定，唯一不同的结果是，第一个样本的数据表明了儿童自我控制的初始水平与增长速率是正相关的，而第二个样本的结果则表明二者不相关。这可能与第二个样本的年龄跨度有关，毕竟从 2 岁到 7 岁是一个跨度比较大的年龄段，尤其对两岁儿童来说，其延迟满足的能力存在较大的变异性。儿童自我控制的发展除了与其生理基础，尤其是脑的成熟密切相关之外，还与自我意识的发展以及认知系统的发展紧密关联。进入学前阶段以后，儿童的自我意识明显增强，能够完全意识到自己的行为所带来的不同后果。因此，开始有意识地根据环境要求来约束自己的行为冲动，以避免自己的行为会带来消极的结果。其次，从学前期开始，儿童"冷"认知系统开始快速发展，开始关注外界事物或刺激的抽象信息，可以运用一些注意调节策略，如可以把棉花糖想象成白云，可以把目光从诱惑物上转移开，或者在内部想象其他的事情来克服诱惑物或奖赏物给自己带来的压力，这些策略会降低诱惑物所带来的强烈情绪冲动。当儿童把注意力倾注在诱惑物抽象、冰冷的一般信息时，意味着他们启动了认知系统，开始使用注意策略来回避或降低诱惑物带来的冲动，从而提高了行为的冲动和抑制能力。

儿童自身的因素是其自我控制发展的内在动力，环境因素则是儿童自我控制发展的外在因素。随着儿童年龄的增长，他们逐渐受到父母教养方式、监管等社会方面的影响。从社会性发展角度来看，儿童的自我控制是一个由外控向内控转化的过程。父母的教养与后天的教育对自我控制的发展起着非常重要的作用。关于环境因素对儿童自我控制发展的影响，我们将在第五章展开详细的论述，此处不再赘述。

六、研究结论

（1）追踪研究表明，学前阶段儿童的自我控制具有中高程度的稳定性，并随时间而呈现出线性增长模式，初始发展水平与增长速率存在着明显的个体差异，初始水平高的儿童，其后期的增长速度也较快。

（2）追踪研究表明，从学步期到学龄初期，儿童的自我控制具有中高程度的相对稳定性，并且随时间呈线性增长模式，初始发展水平与增长速率存在着明显的个体差异，初始水平与增长速率之间的相关不显著。

本章参考文献

［1］ Kopp, C. B. （1982）. Antecedents of self – regulation: a developmental perspective. *Developmental Psychology*, 18 （2）, 199 –214.

［2］ Kochanska, G., Coy, K. C., & Murray, K. T. （2001）. The development of self – regulation in the first four years of life. *Child Development*, 72, 1091 –1111.

［3］ Posner, M. I., Rothbart, M. K., Sheese, B. E., Tang, Y. （2007）. The anterior cingulate gyrus and the mechanism of self – regulation. *Cognitive Affective & Behavioral Neuroscience*, 7 （4）, 391 –395.

［4］ Rothbart, M. K., Rueda, M. R. （2005）. The development of effortful control. In: Awh E, Mayr U, Keele S, editors. Developing individuality in the human brain: A tribute to Michael I Posner. Washington, D. C.: American Psychological Association. 167 – 88.

［5］ Rothbart, M. K. , Ellis, L. K. , Rueda, M. R. , & Posner, M. I. （2003）. Developing mechanisms of temperamental effortful control. *Journal of Personality*, 71 （6）, 1113 – 1143.

［6］ Kochanska, G. , Murray, K. T. , & Harlan, E. T. （2000）. Effortful control in early childhood: Continuity and change, antecedents, and implications for social development. *Developmental Psychology*, 36 （2）, 220 – 232.

［7］ Posner, M. I. , Rothbart, M. K. （1998）. Cognitive neuroscience of attention: A developmental perspective. Mahwah, NJ, US: Lawrence Erlbaum Associates Publishers.

［8］ Gerardi – Caulton, G. （2000）. Sensitivity to spatial conflict and the development of self – regulation in children 24 – 36 months of age. *Develomental Science*, 3 （4）, 397 – 404.

［9］ Kochanska, G. , & Knaack, A. （2003）. Effortful control as a personality characteristic of young children: Antecedents, correlates, and consequences. *Journal of Personality*, 71 （6）, 1087 – 1112.

［10］ Li – Grining, C. P. （2007）. Effortful control among low – income preschoolers in three cities: Stability, change, and individual differences. *Developmental Psychology*, 43 （1）, 208 – 221.

［11］ Putnam, S. P. , Rothbart, M. K. , & Gartstein, M. A. （2008）. Homotypic and heterotypic continuity of fine – grained temperament during infancy, toddlerhood, and early childhood. *Infant and Child Development*, 17 （4）, 387 – 405.

［12］ Valiente, C. , Eisenberg, N. , Spinrad, T. L. , Reiser, M. , Cumberland, A. , Losoya, S. H. , & Liew, J. （2006）. Relations among mothers' expressivity, children's effortful control, and their problem behaviors: A four – year longitudinal study. *Emotion*, 6 （3）, 459 – 472.

［13］ Rothbart, M. K. , Ahadi, S. A. , Hershey, K. L. , Fisher, P. （2001）. Investigations of temperament at three to seven years: The Children's Behavior Questionnaire. *Child Development*, 72 （5）, 1394 – 1408.

［14］ Else – Quest, N. , Hyde, J. , Goldsmith, H. , & Van Hulle, C. （2006）. Gender differences in temperament: A meta – analysis. *Psychological Bulletin*, 132 （1）, 33 – 72.

[15] Liew, J. , Eisenberg, N. , Reiser, M. (2004). Preschoolers' effortful control and negative emotionality, immediate reactions to disappointment, and quality of social functioning, *Journal of Experimental Child Psychology*, 89 (4), 298 – 319.

[16] Eisenberg, N. , Sadovsky, A. , Spinrad, T. L. et al. (2005). The relations of problem behavior status to children's negative emotionality, effortful control, and impulsivity: Concurrent relations and prediction of change, *Developmental Psychology*, 41 (1), 193 ~ 211.

[17] Mischel, W. , Ebbesen, E. B. (1970). Attention in delay of gratification *Journal of Personality and Social Psychology*, 16 (2): 329 – 337.

[18] Posner, M. I. , Rothbart, M. K. , Sheese, B. E. , & Tang, Y. (2007). The anterior cingulate gyrus and the mechanism of self – regulation. *Cognitive Affective & Behavioral Neuroscience*, 7 (4), 391 – 395.

[19] Rothbart, M. K. , Ellis L. K. , Rueda M. R. , Posner, M. I. (2003). Developing mechanisms of temperamental effortful control. *Journal of Personality*, 71 (6), 1113 – 1144.

[20] Rothbart, M. K. , Sheese, B. E. , Rueda, M. R. , Posner, M. I. (2011). Developing Mechanisms of Self – Regulation in Early Life. *Emotion Review*, 3 (2), 207 – 213.

[21] Posner, M. , Rothbart, M. K. , Sheese, B. E. (2007). Attention genes. *Developmental Science*, 10 (1), 24 – 29.

[22] Posner, M. I. , Rothbart, M. K. (2007). Research on attention networks as a model for the integration of psychological science. *Annual Review of Psychology*, 1 – 23.

[23] Rueda, M. R. , Fan, J. , McCandiss, B. D. , Halparin, J. D. , et al. (2004). Development of attentional networks in childhood. *Neuropsychologia*, 42 (8), 1029 – 1040.

第五章

学前儿童自我控制影响因素的研究

　　儿童自我控制受遗传、认知、家庭抚养行为、亲子依恋关系、学校因素等众多因素的影响。这些因素可以概括为个体因素、家庭因素和学校因素。个体因素主要包括遗传基因、脑发育、气质与语言认知等；家庭因素涵盖父母养育行为、亲子依恋关系、父母监管等；学校氛围、教师期望、师生关系以及同伴关系等属于学校因素。目前，国内外的大量研究都直接或间接地表明个体层面、家庭层面以及学校层面的因素都会对个体自我控制产生不同程度的影响，但是现有的结果仍然存在不一致和争议，而且研究的年龄范围跨度非常大，从学步期到成人都有涉及，但是缺乏在同一个发展阶段比较系统的研究。本研究聚焦于学前阶段的家庭和学校这两个层面与儿童自我控制的作用关系，旨在认识和厘清两方面的因素对自我控制的影响，为培养和提升个体的自我控制提供理论依据和支持。

　　生理因素。从个体层面来讲，生理成熟是儿童自我控制的基础。个体遗传构成的差异是导致行为性状差异的重要原因之一。双生子研究、收养研究和家庭研究等量化行为遗传学研究已经表明，遗传因素能解释个体认知能力、精神健康、人格等表型变异的40%~60%，而环境以及遗传与环境的交互作用可以解释其余60%~40%的表型变异（Saudino，2005）。这说明遗传的确对个体的人格特质具有重要的影响。作为人格核心特质之一的自我控制亦是一种复杂的人类行为性状，其在人群之间的变异是由众多的遗传基因导致。有专门针对儿童自我控制的行为遗传学研究表明，遗传因素至少可以解释自我控制表型变异的49%~83%，这说明遗传因素在儿童自我控制的差异方面起着非常重要的作用，威斯康星双生子追踪研究表明，遗传因素不但可以解释个体自我控制的表型变异，而且可以解释个体自我控制与问题行为等心理病理学症状的协方差变异，这说明自我控制与问题行为的共变可能具有相似的遗传构成差异。量化行为遗传学只能间接和粗略估计遗传对儿童自我控制的影响，而无法直接回答遗传如何对心理特质产生影响。自从分子遗传学兴起以后，人们试图找到直接与自我控制关联的基因，因此进行了不少关于神经递质基因或者神经递质传导通路上基因与儿童自我控制关联的研究，这些研究获得的结果并不是十分理想，只发现了为数不多的候选基因与自我控制存在显著的关联，如 Rueda 等人的（Rueda, Rothbart, McCandliss, Saccomanno, & Posner, 2005）研究发现在抑制控制、克制冲动和避免分心等任务中，带有 DAT1 长的等位基因的 6 岁儿童相对于那些带有相同的短的等位基因 DAT1 的儿童，在自我控制任务中表现出更少的冲动行为。Wiebe 等人（Wiebe, Espy, Stopp, Respass et al. , 2009）的研究表明，DAT1 基因与外在环境的相互作用直接影响个体的注意力水平，带有长的 DAT1 等位基因的个体由于具有较强的注意能力，因此在任务表现中更能将注意力集中在当前任务上，而那些注意力发展不足的个体，则相对容易受到外在干扰因素的影响，从而导致在任务上产生分心活动。这种直接的关联作用只在少数研究中得到了证实，但更多的研究并没有发现神经递质候选基因构造上的差异导致自我控制表型上的差异，而是发现神经递质候选基因与环境因素对儿童自我控制的交互作用，如有研究表明虽然 5 - HTTLPR 基因多态性对儿童自我控制没有直接影响，但 5 - HTTLPR 与母子依恋关系对自我控制具有显著交互作用，从学步期到学前期，不安全的母子依恋关系会降低携带 5 - HTTLPR 短等位基因的儿童的自我控制，而安全的依恋关系会促进携 5 - HTTLPR 长等位基因的儿童抑制控制的能力（Kochanska, Philibert, & Barry, 2009）。还有研究发现 DRD4 基因多态性对父母抚养育儿童自我控制之间的关系起着调节作用，具体而言，对于携带 DRD4 长等位基因的儿童，消极的父母养育方式与儿童的自我控制明显负相关，而携带 DRD4 短等位基因的儿童，消极的父母养育与其自我控制无显著相关（Smith et al. , 2012）。这说明遗传基因并不是单独对儿童的自我控制起影响作用，而是与抚养环境共同塑造了儿童的自我控制，基因与环境不断地对人类的行为起着交互作用，一方面环境可能修正或调整基因的表达，另一方面基因构成的差异也可能使得个体对相似的环境做出不同的反应。由于现有的研究更多是选择了单个基因位点，所以很难建立基因与自我控制之间的关联，其原因在于对复杂的行为性状共同起作用的基因很多，单基因位点上的差异对行为变异的贡献非常小，很难在现有的测量手段下检测出来。因此，目前全基因组与行为的关联研究成为一种新的研究取向，但这种研究成本较高，数量还非常少。

　　脑的发育，尤其是大脑皮层的发育与儿童自我控制密不可分。从孕期第 8 个月左右，胎儿的大脑皮层的髓鞘化和突触形成就开始出现，出生以后，婴儿大脑皮层的不同部位先后开始快速地髓鞘化，突触网络开始形成，优先发育的是与感知觉有关的脑区，其次是语言，在 1 岁左右婴儿前额叶皮层开始发育，这时候婴儿逐渐出现对自我行为的初步抑制能力。在 2 岁之前，儿童认识外界事物和调节控制自身行为的皮层抑制机能还不够成熟，当神经元在大脑中进行信息传递时，由于兴奋过程占主导地位，个体因此而表现出较大的冲动性。但随着个体大脑皮层的迅速发展，尤其是 2 岁之后，个体大脑皮层中的抑制机能也逐渐成熟起来，于是个体便能够抑制自己的冲动。现有的研究认为注意力是个体自我控制发展的一个关键因素，注意控制系统是儿童早期自我控制的基础，该系统的脑功能定位于前扣带回和前额叶，而前扣带回和前额叶从 1 岁左右才开始发育，一直要持续到青少年时期才能完全发育成熟（Posner，Rothbart，Sheese，& Tang，2007）。当个体进行认知和情绪调节时，尤其是当个体面对冲突任务的时候，这些与个体注意控制系统相关的脑区将被激活，使得个体能更加集中注意，排除外在干扰因素的影响来抑制本能的冲动，进而对刺激做出正确的反应（Botwinick，Braver，Barch，Carter，& Cohen，2001）。而在个体早期，由于个体注意控制系统尚未发育成熟，在冲突任务情景下，个体对任务的持续注意和关注不足，容易受到外界因素的干扰，进而表现出较大的冲动性（Fan，Fossella，Sommer，Wu，& Posner，2003）。因此，为了有效地促进个体注意控制系统的发展，研究者们通常会采用冲突任务范式来刺激个体的注意控制系统，从而使个体增强面对冲突时的注意力，减少个体反应的冲动性（Kopp，Rist，& Mattler，1996；Fenske，& Eastwood，2003）。如在经典的 Stroop 任务中，当个体对字体的颜色（如红色）进行反应而忽视字体名字所表示的颜色（如蓝色）时，比个体直接对字体名字所表示的颜色（蓝色）做出反应需要更多注意的参与（Zysset，Müller，Lohmann，& Cramon，2001）。研究表明，那些在 Stroop 任务中表现更佳的儿童其注意力水平也相对较高，而且神经成像研究结果也表明，当这些具有良好注意力的个体在执行 Stroop 任务时，儿童大脑中与注意控制系统相关的脑区也更容易被激活，从而使个体更容易将注意力集中在当前的任务中，较少会受到外在干扰因素的影响，进而控制自己任务上的行为表现（Fan et al.，2003）。由此可见，通过积极地训练个体的注意控制系统，提高个体的注意水平，也有利于提高个体的自我控制。

此外，个体的语言经验也会造成自我控制的差异。研究表明，具有双语经验的儿童比单语儿童在与自我控制相关的任务上表现更好（Zelazo，Carlson，& Kesek，2008）。因为在自我控制相关任务中，具有双语经验的个体更能够灵活地通过反复转换语言，从而提高自身思维的灵活性，更容易加快转移注意的速度，进而对任务做出正确的反应，而那些缺乏双语经验的个体，由于在任务上较难快速转换注意力，从而表现欠佳（Chen，Zhou，Uchikoshi，& Bunge，2014）。因此，在个体早期，为个体创造出多语言的学习环境也有利于个体自我控制的发展。

家庭养育因素。虽然大脑的发育为儿童的自控行为提供了生理基础，使得儿童从生理上具备了调控自己行为的可能，但如何根据环境和目标的要求来克制冲动行为并表现出恰当的行为则需要家庭和社会的示范、监督，它使得儿童逐渐由遵从、模仿到内化社会规范。家庭是儿童社会化的起点，也是培养儿童自我控制的最重要的场所之一。因此，儿童自我控制的发展离不开重要成人的教养和社会规范。儿童早期自我控制能力的培养主要是通过亲子交往来实现。婴幼儿在与父母交往过程中，逐渐理解并记住父母的要求和指令，按照父母的要求去行事，父母也慢慢开始拒绝儿童的一些不合理要求，给儿童设定一些原则和规范，在这种长期的交往中，儿童学会了遵守规范，内化父母的要求，在无人监督的情况下能自觉控制自己的情绪和行为冲动。起初，年幼儿童需要外部的支持、监督和指导来慢慢学会自我控制。父母的教养行为对儿童各方面的发展都有深远的影响。当早期父母对儿童越是采取鼓励与接纳的养育方式，儿童在后期的自我控制发展水平也相对越高，而采取拒绝与惩罚的养育方式则起着相反作用。研究表明，积极的教养态度与行为对儿童的自我控制具有明显的促进作用，生活在敏感、高支持性家庭中的儿童，更愿意内化父母的要求，表现出更高的自我控制能力（Eisenberg et al.，2005；Gaertner，Spinrad，& Eisenberg，2008；Li‐Grining，2007），能够给孩子积极反馈并愿意与他们进行积极互动的父母，则更有利于儿童学习和内化约束和管理自我的情绪行为。父母过于严厉的纪律约束以及专制的抚养风格伴随着儿童较低的自我控制能力（Karreman et al.，2008；Xu，Farver，& Zhang，2009）。在儿童年幼时，父母如果使用过多强硬措施来管理儿童行为，其孩子在学前阶段的自我控制相对处于劣势（Kochanska et al.，2008）。对中国家庭的研究也表明父母过多依赖体罚、敌意态度来约束孩子的冲动和行为，其孩子在自我控制上的得分较低，而权威型的父母抚养行为对小学一、二年级儿童的自我控制有促进作用（Eisenberg，Chang，et al.，2009；Zhou，Lengua，& Wang，2009）。其原因在于儿童更愿意内化那些对自己友好、敏感父母的要求和期望，而对拒绝和专断父母的要求和指令持有一种反抗情绪。

自我控制一方面要根据社会规则或个人长远目标的要求来抑制冲动行为或甘愿放弃当前的满足，另一方面则要为了遵守社会规则或实现长远目标，选择执行个体劣势的行为或者不擅长的行为。因此，对于儿童，尤其是早期儿童来说，主动遵从社会规则或选择长远目标的能力较弱，需要在成人的监督和提醒下才能抑制自己的冲动行为，或者激活对长远目标的动力。所以，父母在日常生活中对儿童的监管和提醒对于儿童的自我控制的发展有重要作用，尤其是在帮助儿童遵从社会规则和成人要求方面，当儿童有冲动行为或违反规则的苗头时，父母的及时提醒和监管能使儿童克制冲动行为，激活理性的认知系统，从而更好地约束和管理自己的行为。根据已有的研究结果，在家庭中，父母对儿童行为的监管程度越低，则儿童越容易出现违规行为，而父母对儿童行为的监管程度越高，则儿童的自我控制能力越强。父母的监管保证了对儿童课外活动、思想以及社交活动的了解，并能及时提醒或阻止一些不良行为的发生。当父母增加对儿童的监管时，可以有效地提升儿童的自我控制，进而减少一系列行为问题的产生（Hay & Forrest，2006）。随着个体自我意识的发展，个体需要不断地与外界环境接触，从而更容易受到一些外在环境（如不良同伴）中即时性满足的诱惑，进而产生一系列的行为问题。所以，父母对儿童加强监管，可以对孩子的行为、思想更加了解，减少孩子与外界不良因素的接触，使儿童在面对外在不良环境时更加容易控制自己的行为，继而减少问题行为的发生。然而，当前对父母监管的研究更多地集中在出现问题行为较多的青春期，而对于学前期儿童的考察则少之又少。当父母增加监管时，可以对青少年的行为、思想更加了解，减少孩子与外界不良因素的接触，使青少年在面对外在不良环境时更加容易控制自己的行为，继而减少问题行为的发生。但是对于学前儿童而言，无论是他们的生理还是心理都处在快速发展的阶段，在很大程度上都需要依赖父母的管束。适当地增加父母监管，将可能更有利于学前儿童在学校期间的行为规范。尽管学前儿童相比于童年中期儿童或青少年群体，其活动范围较窄，并未进入正规的学校教育，但父母对其冲动行为的监督和提醒也非常重要，需要实证研究结果的支撑。

亲子依恋关系。儿童早期与主要抚养者形成的依恋关系对其后期诸多方面的发展都具有深远的影响。早期依恋关系建立过程中所形成的内部心理工作模型，是个体建立人际关系和应对压力的认知模型。对啮齿类动物的研究表明，母子关系可以调节幼鼠的神经活动，母子关系的缺失或紊乱会导致幼鼠生理、情感和行为的调节和协调功能低下。出生后生活在母鼠身边并且与母鼠互动不仅可以帮助子鼠生存下来，而且为调节子鼠的生理和行为系统提供了机会（Polan & Hofer，1999）。大鼠研究也发现，在子代出生后，母鼠低水平的抚养行为，例如很少的舔舐与看护次数，不但会损伤子代的空间学习能力，而且会减少海马突触形成的数量（Liu et al.，2000）。母鼠抚养水平较低的子代对压力诱发的下丘脑—垂体—肾上腺轴的荷尔蒙反应调节能力较低，并且面对新异刺激或厌恶刺激时的焦虑表现也更明显（Caldji et al.，2000）。无论是幼鼠或者幼猴，抑或人类，依恋关系对个体情感和社交能力的影响主要是通过 5 - 羟色胺和多巴胺神经递质来实现，良好的依恋关系可以降低个体面对压力时大脑与交感神经系统的反应强度。对人类儿童的追踪研究结果显示，相对于安全依恋的同伴，那些在 14 个月表现出对抗、回避或混乱为特点的不安全依恋关系的儿童在其 33 个月时表现出情绪调节的困难，在恐惧和愤怒情绪诱发的条件下表现出更多恐惧和愤怒情绪，而在愉悦情绪的诱发条件下则表现出更多的不适感（Kochanska & Murray，2001）。这说明不良的亲子依恋关系会降低儿童对自我情绪的调控能力。母子之间情感互动的同步性会影响儿童自我控制的发生。例如，有研究表明在婴儿 3 个月时母子互动中，母亲与婴儿情感的同步性（婴儿发出情感需求，母亲随后做出反应）以及 9 个月时双向情感交流的同步性（婴儿与母亲情感的双向回应）可以预测儿童 2 岁时的自我控制行为，并且在控制了婴儿的气质、母亲的抚养行为之后，这种预测关系仍然是成立的（Feldman et al.，2003）。当婴儿在 7 个月到 15 个月大的时候，母亲经常与孩子积极互动，并且对孩子做出积极反馈，她们的孩子在后期表现出了更好的自我控制（Blair et al.，2011）。当父母早期能够与孩子保持积极的互动，给予孩子更多的关注，将会减少孩子对于物质条件缺乏的考虑，孩子更容易感受到和谐的家庭氛围（Karreman，Tuijl，Aken，& Deković，2009）。

　　良好的亲子关系可以帮助儿童应对压力，增强其对自我情绪和行为的调控能力，而不良的亲子关系则会加剧儿童对压力的反应强度，更容易导致儿童紊乱的情绪和行为。在儿童早期社会化的过程中，儿童应对环境压力的能力非常有限，很大程度上都需要依赖父母。面对错综复杂的外在环境，儿童往往会出现一些不适应和恐惧，如果父母能够提供更多的支持与帮助，与儿童形成良好的亲密关系，营造出良好的家庭氛围，使儿童体验到更多的积极情感，则会明显地减少个体在社会化过程中遇到的困难；而如果父母与儿童缺少沟通与交流，形成不良的冲突关系，则会给儿童营造出不和谐的家庭氛围，使儿童获得更多的消极情感体验，更容易导致儿童不良行为的发生。

　　早期学校因素。对于学前儿童来说，尽管家庭是其主要的社会化场所，但是早期学校教育的影响也十分重要。儿童从家庭进入幼儿园后，面临着全新的环境与挑战。因此，幼儿园的环境对于儿童自我控制的发展也起着重要的作用。早期学校环境中包含诸多因素，既有宏观层面的因素，如办学理念、管理风格、组织氛围、家校互动等，也有微观层面的因素，如教学安排、班级氛围、师生关系等。在诸多因素中，师生关系被认为与儿童的自我控制发展最为密切。师生关系是学前儿童除亲子关系以外第二种比较重要的社会关系，是亲子依恋关系的一种泛化和拓展。进入早期学校后，由于儿童的生活自理能力以及情感需要，会从对父母或主要抚养者的依恋转移到对教师的依恋，即从单一依恋对象逐步走向多重依恋对象，多重依恋关系的建立标志着儿童社会关系拓展的开始。师生关系是亲子关系的一种重要补充，师生关系对于儿童的情绪和行为调节能力起到重要的调节作用。儿童在早期学校中与教师保持积极良好的互动有利于他们对自己行为的约束和规则的遵从。在学校与教师保持积极互动的儿童，能够更好地遵守教师的要求和班级的规则，从而在自我控制方面更容易得到很好的提升（Hamre，2001；Vandell et al.，2010）。儿童与教师建立的关系越亲密，儿童也就表现出更强的自我控制能力（Baker，2006；Silver，Measelle，Armstrong，& Essex，2005）。良好的师生关系能够为儿童创造一种安全的氛围，有助于儿童构建自己与他人的适应性信念，也能够激发学生的学习动机，形成积极的学校价值观。同时，良好的师生关系容易带给学生最优的学习支持和指导，促进学生的学校适应（Valiente，Lemery - Chalfant，Swanson，& Reiser，2008）。因此，鼓励教师与儿童之间进行积极的互动，也将会有助于儿童提高自我控制并取得成功（Ewing et al.，2009）。可见，师生关系也是儿童自我控制发展过程中一种重要的影响因素，尤其是早期阶段，这种家庭之外的依恋关系，在儿童面临压力和挑战的环境中，能够帮助他们适应环境，提高自我应对和管理情绪行为的能力。现有的研究更多的是从教师的个人角度出发，考察教师期望、教学水平等对个体自我控制的影响（Valiente，Lemery - Chalfant，Swanson，& Reiser，2008）。但教师和儿童的相处应当是一种双向的互动关系。良好的师生关系容易带给学生最优的学习支持和指导，促进学生的学校适应。学前阶段是个体最早接触教师的时期，该阶段的师生关系将可能会影响个体对学龄阶段学习的适应，甚至是个体以后生活的影响。因此，探讨学前阶段的师生关系与儿童自我控制的关系是本章的重要内容之一。

综上所述，儿童自我控制的影响因素涉及生理、家庭教养以及学校环境等诸多因素。本章主要从家庭和学校两个层面的因素出发，分析父母教养行为、监管以及师生关系与学前儿童自我控制的关系，为家长和学校正确看待和处理对儿童自我控制的培育提供了重要启示，也为人们开展后续研究提出了更大的挑战。

第一节　家庭教养因素与儿童自我控制的关系

一、研究目的

通过横断调查研究来分析家庭教养因素与学前儿童（4岁）自我控制的关系。揭示父母教养方式、监管、亲子关系与学前儿童自我控制的关系，厘清什么样的教养方式、亲子关系对儿童自我控制的发展有利，什么样的教养方式、亲子关系对儿童自我控制的发展不利。

二、研究假设

（1）父母鼓励与温暖的教养行为能促进儿童自我控制，而拒绝惩罚、控制保护则对儿童的自我控制不利。

（2）父母的监管行为越多，儿童的自我控制水平越高。

（3）亲密的亲子关系能促进学前儿童的自我控制，冲突的亲子关系则对学前儿童的自我控制不利。

三、研究方法

（一）被试

本研究采用整群抽样的方法，从南京市5所幼儿园中选取了503名中班儿童作为最初被试，经征得同意，共有486名儿童（$M_{年龄}=55.51$个月，$SD=0.18$个月）及其父母参加研究，其中男孩278名，女孩208名。家庭人均月收入介于1000~75000元（$M_o=5000$元）。母亲受教育程度大专以上占61.74%，其中15人未报告受教育程度，父亲受教育程度大专以上占

67.55%，其中 19 人未报告受教育程度。

（二）研究工具

简版自我控制量表（Brief Self-Control Scale，B-SCS）。该量表由 Tangney 及其合作者（Tangney, Baumeister, & Boone, 2004）编制，最初完整版有 36 个题目，主要测量个体的自我控制能力。包括总体自律、冲动控制、健康习惯、工作或学习表现、可靠性五个维度。采用 Likert 式 5 点记分，从 1 到 5 表示"完全不符合"到"完全符合"。后 Tangney 等人又在完整版的基础上发展了简化版，共 13 个题目，仍然是五个维度，且在使用时发现简化版在信、效度各项指标与完整版差别不大。该量表在国内外也应用广泛（Maloney, Grawitch, & Barber, 2012；范伟，钟毅平，李慧云，孟楚熠，游畅，傅小兰，2016），在此量表上得分越高，表示自我控制能力越好。本研究采用简化版量表，并将量表的题目形式改成以儿童的母亲、父亲和班主任教师的口吻来分别进行报告。以该量表所有题目的平均值作为学前儿童自我控制能力方面的得分。在本研究中，母亲问卷的整体内部一致性 Cronbach α 系数为 0.63，父亲问卷的整体内部一致性 Cronbach α 系数为 0.64。这表明该量表在本研究中具有较好的信度。

简版儿童行为问卷-抑制控制分量表。该问卷由 Rothbart 等人（Rothbart et al., 2001）编制，用于测查 3~7 岁儿童的气质。问卷包括外向性或活跃性（Extraversion/Surgency）、消极情绪性（Negative affectivity）和努力控制（Effortful control）三个大维度，每个大维度下又包含若干子维度。儿童行为问卷在中国被试中使用的结果均表明具有较高的信度和效度。本研究选取努力控制分量表下的抑制控制子量表，该量表为 Likert 式 7 点记分，由儿童的父母进行报告，在父亲问卷和母亲问卷中的 Cronbach α 系数分别为 0.76、0.76。儿童自我控制的得分由简版自我控制量表和简版儿童行为问卷抑制控制自量表的分数合成。

父母养育行为问卷（Child-Rearing Practice Report，CRPR）。该问卷由 Block（1981）编制，最初形式为 91 张 Q 分类卡片，主要测量父母的养育态度、信念和行为。Chen 等人（1998）把 Q 分类卡片转换成问卷形式，以 Likert 式 5 点记分，从 1 到 5 表示"完全不符合"到"完全符合"。本研究采用 Chen 等人在中国被试中修订的版本，Chen 等人的因素分析结果表明，该问卷可分为温暖关爱、拒绝、限制、控制、惩罚、鼓励成就、鼓励独立、保护担忧八个维度。但在其研究中仅选用了温暖关爱、拒绝、惩罚、鼓励成就、鼓励独立、保护担忧等维度。而本研究将探讨该问卷的所有维度与学前儿童自我控制之间的关系，问卷由儿童的母亲和父亲分别报告。在本研究中，父母的鼓励独立、鼓励成就与温暖关爱之间，拒绝与惩罚，控制和保护担忧之间的相关均较高。在母亲数据中，鼓励独立、鼓励成就与温暖关爱三者的相关介于 0.46 ~ 0.63，拒绝与惩罚两者的相关为 0.55，控制和保护担忧两者的相关为 0.58；在父亲数据中，鼓励独立、鼓励成就与温暖关爱三者的相关介于 0.44 ~ 0.61，拒绝与惩罚两者的相关为 0.53，控制和保护担忧两者的相关为 0.65。因此，一方面为了避免多重共线性问题，另一方面为了简化父母养育方式的维度，故在进行统计分析时，将父母问卷中的鼓励独立、鼓励成就与温暖关爱合并，命名为鼓励温暖，合并后的鼓励温暖在母亲问卷和父亲问卷中的 Cronbach α 系数分别为 0.87、0.83；将拒绝与惩罚合并，命名为拒绝惩罚，合并后的拒绝惩罚在母亲问卷和父亲问卷中的 Cronbach α 系数分别为 0.72、0.79；将控制和保护担忧合并，命名为控制保护，合并后的控制保护在母亲问卷和父亲问卷中的 Cronbach α 系数分别为 0.80、0.66。这说明该问卷在本研究中的信度可以接受。

父母监管问卷（Parent Supervision Attributes Profile Questionnaire, PSAPQ）。该问卷由 Morrongiello 和 Corbett（2006）及其同事编制，主要用于测量父母对子女的监督与管理态度。问卷共有 29 个题目，包括保护（Protectiveness）、监管（Supervision）、鼓励探索（Risk tolerance）和运气（Fate）四个维度，采用 Likert 式 5 点记分。该量表在国内外应用也较为广泛（Andrade, Carita, Cordovil, & Barreiros, 2013；郑睿，张丽锦，2009）。本研究选用监管维度（"我很清楚地知道我的孩子在做什么"）来考察父母的监管态度，问卷由儿童父母分别报告。在本研究中，母亲问卷在监管维度上的 Cronbach α 系数为 0.75，父亲问卷在监管维度上的 Cronbach α 系数为 0.74，表明该问卷在本研究中的信度可以接受。

亲子关系量表（Parent – child Relationship Scale）。采用 Pianta（1992）编制的亲子关系量表来测查亲子关系。该量表分亲密性（"我和孩子之间的关系亲密而且感情深厚"）、冲突性（"孩子在受到惩罚之后会一直生气或产生抵触情绪"）与依赖性（"孩子过于依赖我"）三个维度，采用 Lik-ert 式 5 点记分，共有 35 个题目，由儿童的父母分别进行报告。张晓等人（张晓，陈会昌，张桂芳等，2008）在中国被试群体中对该问卷进行了修订和使用，其结果表明除依赖性维度信度较低以外，亲密性和冲突性的信效度均较高。本研究沿用了张晓等人的版本，只采用了亲密性和冲突性两个维度，故无须再去验证问卷中的结构效度。在本研究中，母亲问卷中的亲子亲密性 Cronbach α 系数为 0.75，亲子冲突性 Cronbach α 系数为 0.82；父亲问卷中的亲密性 Cronbach α 系数为 0.80，亲子冲突性 Cronbach α 系数为 0.84，表明该问卷在本研究中的信度较好。

（三）研究程序

首先，研究者随机选取了 5 所幼儿园，通过园方向家长发放知情同意书，确定同意参加的人数。其次，对承担本研究施测任务的心理学研究生进行了培训，统一指导语。最后，在 2016 年 10 月进行了问卷的测查。主试向幼儿园教师和父母说明本次研究的目的，以及问卷指导语和注意事项。主试与班级主班教师利用家长接送孩子的时间，向家长说明问卷的填写指导语和注意事项，要求家长在两个星期内填写完问卷并交到主班教师处，然后由主试从主班教师处统一收回。

（四）数据统计分析

采用 SPSS 22.0 统计软件包对数据进行整理分析，主要使用描述统计、相关分析、多元线性回归分析等统计方法。

四、研究结果

在本研究中，由于各影响因素和自我控制均由父母报告，这可能会导致预测变量与结果变量因同一报告源而出现共同方法偏差的问题。因此，我们采用 Harman 单因素检验进行了共同方法偏差的检验（Podsakoff，MacKenzie，Lee，& Podsakoff，2003）。

在母亲问卷中，将母亲监管与自我控制所有题目进行因子分析，抽取出特征值大于 1 的因素数共有 6 个，且第一个因子的方差贡献率为16.16%；将母亲鼓励接纳与自我控制所有题目进行因子分析，抽取出特征值大于 1 的因素数共有 10 个，且第一个因子的方差贡献率为 19.87%；将母亲控制保护与自我控制所有题目进行因子分析，抽取出特征值大于 1 的因素数共有 12 个，且第一个因子的方差贡献率为 12.52%；将母亲拒绝惩罚与自我控制所有题目进行因子分析，抽取出特征值大于 1 的因素数共有9 个，且第一个因子的方差贡献率为 16.08%；将母亲亲密性与自我控制所有题目进行因子分析，抽取出特征值大于 1 的因素数共有 6 个，且第一个因子的方差贡献率为 17.84%；将母亲冲突性与自我控制所有题目进行因子分析，抽取出特征值大于 1 的因素数共有 6 个，且第一个因子的方差贡献率为 20.29%。

在父亲问卷中，将父亲监管与自我控制所有题目进行因子分析，抽取出特征值大于 1 的因素数共有 6 个，且第一个因子的方差贡献率为16.77%；将父亲鼓励接纳与自我控制所有题目进行因子分析，抽取出特征值大于 1 的因素数共有 10 个，且第一个因子的方差贡献率为 17.53%；将父亲控制保护与自我控制所有题目进行因子分析，抽取出特征值大于 1 的因素数共有 11 个，且第一个因子的方差贡献率为 12.23%；将父亲拒绝惩罚与自我控制所有题目进行因子分析，抽取出特征值大于 1 的因素数共有8 个，且第一个因子的方差贡献率为 15.84%；将父亲亲密性与自我控制所有题目进行因子分析，抽取出特征值大于 1 的因素数共有 5 个，且第一个因子的方差贡献率为 20.41%；将父亲冲突性与自我控制所有题目进行因子分析，抽取出特征值大于 1 的因素数共有 5 个，且第一个因子的方差贡献率为 22.33%。

Harman 单因素检验方法的检验结果表明，无论是在母亲报告的数据还是父亲报告的数据，抽取的因子数均不止一个，而且第一个因子的方差贡献率均未超过 40%。因此，在本研究中，母亲与父亲分别作为同一评价者的方法偏差均不严重。

对父母报告的儿童自我控制以及家庭教养因素的描述性统计结果见表 5-1。

表 5-1　各变量描述统计结果（父母报告）

变量	父亲						母亲					
	总样本		男生		女生		总样本		男生		女生	
	M	SD	M	M	SD	SD	M	SD	M	SD	M	SD
自我控制	4.06	0.50	4.00	0.49	4.15	0.51	4.11	0.52	4.04	0.51	4.22	0.51
亲子亲密性	4.08	0.49	4.00	0.52	4.18	0.45	4.33	0.43	4.29	0.46	4.39	0.38
亲子冲突性	2.33	0.65	2.38	0.67	2.27	0.61	2.19	0.61	2.19	0.62	2.19	0.60
鼓励接纳	3.93	0.38	3.92	0.37	3.95	0.40	4.08	0.40	4.08	0.40	4.08	0.40
拒绝惩罚	3.00	0.47	3.05	0.47	2.93	0.46	2.59	0.49	2.62	0.51	2.56	0.46
控制保护	3.21	0.41	3.22	0.41	3.20	0.41	3.10	0.43	3.10	0.45	3.11	0.40
父母监管	3.66	0.53	3.64	0.52	3.70	0.54	3.78	0.53	3.74	0.55	3.82	0.50

为了考察学前儿童自我控制与父母养育行为、监管、亲子关系的相关关系，我们进行了皮尔逊相关分析，结果分别见表 5-2、表 5-3。由表 5-2 的结果可知，在母亲报告的数据中，儿童自我控制分别与母子亲密性（$r = 0.42$，$p < 0.01$，双侧检验）、母亲鼓励接纳（$r = 0.34$，$p < 0.01$，双侧检验）以及母亲监管（$r = 0.23$，$p < 0.01$，双侧检验）显著正相关，而与母子冲突性（$r = -0.41$，$p < 0.01$，双侧检验）、母亲拒绝惩罚（$r = -0.32$，$p < 0.01$，双侧检验）显著负相关。

表 5-3 的结果表明，在父亲报告的数据中，儿童自我控制分别与父子亲密性（$r = 0.42$，$p < 0.01$，双侧检验）、父亲鼓励接纳（$r = 0.34$，$p < 0.01$，双侧检验）以及父亲监管（$r = 0.32$，$p < 0.01$，双侧检验）显著正相关，而与父子冲突性（$r = -0.45$，$p < 0.01$，双侧检验）和父亲拒绝惩

罚（$r = -0.29$，$p < 0.01$，双侧检验）显著负相关。

表 5 - 2　家庭教养因素与儿童自我控制的相关分析结果（母亲报告）

变量	1	2	3	5	6	7	8
1　自我控制	1						
2　母子亲密性	0.42**	1					
3　母子冲突性	-0.41**	-0.24**	1				
5　母亲鼓励接纳	0.34**	0.51**	-0.14**	1			
6　母亲拒绝惩罚	-0.32**	-0.14**	0.56**	0.07	1		
7　母亲控制保护	-0.09	0.07	0.36**	0.36**	0.53**	1	
8　母亲监管	0.23**	0.32**	-0.02	0.43**	0.04	0.37**	1

表 5 - 3　家庭教养因素与儿童自我控制的相关分析结果（父亲报告）

变量	1	2	3	5	6	7	8
1　自我控制	1						
2　父子亲密性	0.42**	1					
3　父子冲突性	-0.45**	-0.29**	1				
5　父亲鼓励接纳	0.34**	0.65**	-0.14**	1			
6　父亲拒绝惩罚	-0.29**	-0.05	0.49**	0.13**	1		
7　父亲控制保护	-0.05	0.20**	0.43**	0.37**	0.63**	1	
8　父亲监管	0.32**	0.46**	-0.10*	0.48**	0.09	0.31**	1

　　由相关分析的结果可知，无论是母亲报告的数据，还是父亲报告的数据，亲密的亲子关系、积极的养育行为以及对儿童行为的监管都与儿童的自我控制显著正相关，而冲突的亲子关系、消极的养育行为都与儿童的自我控制显著负相关。这说明亲密的亲子关系、积极的养育行为与适当的行为监管对儿童的自我控制发展是有益的，而冲突紧张的亲子关系、拒绝惩罚等消极的抚养行为对儿童的自我控制发展不利。

　　为了进一步考察父母的养育行为、亲子关系、父母对儿童行为的监管与儿童自我控制之间的预测关系，以儿童自我控制为因变量，以儿童性别为控制变量，父母养育行为、亲子关系、父母监管作为预测变量进行了层次多元回归分析，结果分别见表 5 - 4 和表 5 - 5。

表5-4　自我控制对母亲教养因素的回归分析结果（母亲报告）

预测变量	儿童自我控制					
	B	SE	R²	ΔR²	β	t
第一层			0.03	0.03		
儿童性别	-0.19	0.05			-0.18	-3.87***
第二层						
母亲鼓励接纳	0.50	0.06	0.26	0.23***	0.38	8.70***
母亲拒绝惩罚	-0.33	0.05			-0.31	-6.32***
母亲控制保护	-0.07	0.06			-0.06	-1.13
第三层			0.27	0.01		
母亲监管	0.12	0.05			0.12	2.55**
第四层						
母子亲密性	0.25	0.06	0.34	0.07***	0.21	4.52***
母子冲突性	-0.20	0.04			-0.24	-4.92***

表5-5　自我控制对父亲教养因素的回归分析结果（父亲报告）

预测变量	儿童自我控制					
	B	SE	R²	ΔR²	β	t
第一层			0.02	0.02		
儿童性别	-0.15	0.05			-0.15	-3.13***
第二层						
父亲鼓励接纳	0.49	0.06	0.24	0.22***	0.37	8.23***
父亲拒绝惩罚	-0.38	0.06			-0.35	-6.45***
父亲控制保护	0.05	0.07			0.04	0.65
第三层			0.27	0.03		
父亲监管	0.20	0.04			0.21	4.55***
第四层						
父子亲密性	0.13	0.06	0.36	0.09***	0.13	2.39**
父子冲突性	-0.25	0.04			-0.32	-6.62***

由表5-4可知，在控制儿童的性别后，母亲鼓励接纳能显著正向预测儿童的自我控制（$\beta = 0.38$，$p < 0.001$），而母亲拒绝惩罚则显著负向预测

儿童的自我控制（$\beta = -0.31$，$p < 0.001$）；母亲控制保护对儿童自我控制的预测不显著（$\beta = -0.06$，$p > 0.05$）。这说明母亲的鼓励、敏感反应以及温和的抚养行为对儿童的自我控制具有促进作用，而忽视、拒绝的抚养行为不利于儿童自我控制的发展，母亲对儿童的过度保护、担心和过度控制与儿童自我控制的共变关系并不显著，说明母亲日常生活中对儿童的过度保护和担忧，以及过多的心理控制对儿童自我控制的影响作用不明显。在分别控制了性别、母亲养育方式后，母亲监管能显著正向预测儿童的自我控制（$\beta = 0.12$，$p < 0.001$）。这说明重要他人对儿童行为的监管和提醒，有利于儿童自我控制的提高。在分别控制儿童的性别、母亲养育方式、母亲监管后，母子亲密性能显著正向预测儿童的自我控制（$\beta = 0.21$，$p < 0.001$），而母子冲突性则显著负向预测儿童的自我控制（$\beta = -0.24$，$p < 0.001$）。这说明亲子关系是儿童自我控制发展的一个重要影响因素，亲密融洽的亲子关系有利于儿童自我控制的发展，而冲突、疏离的亲子关系则不利于儿童自我控制的发展。

由表 5-5 可知，在控制了儿童的性别因素后，父亲鼓励接纳能显著正向预测儿童的自我控制（$\beta = 0.37$，$p < 0.001$），而父亲拒绝惩罚显著负向预测儿童的自我控制（$\beta = -0.35$，$p < 0.001$）；父亲控制保护对儿童自我控制的预测不显著（$\beta = 0.04$，$p > 0.05$）。这说明父亲的鼓励、敏感反应以及温和的抚养行为对儿童的自我控制具有促进作用，而忽视、拒绝的抚养行为不利于儿童自我控制的发展，父亲对儿童的心理控制与过度保护、担忧的抚养行为，并未对儿童的自我控制产生明显的影响作用。在分别控制性别、父亲养育方式后，父亲监管能显著正向预测儿童的自我控制（$\beta = 0.21$，$p < 0.001$）。这说明重要他人对儿童行为的监控，有利于儿童自我控制的发展。在分别控制儿童的性别、父亲养育方式、父亲监管后，父子亲密性能显著正向预测儿童的自我控制（$\beta = 0.13$，$p < 0.001$），而父子冲突性则显著负向预测儿童的自我控制（$\beta = -0.32$，$p < 0.001$）。这说明亲子关系是儿童自我控制发展的一个重要影响因素，亲密融洽的亲子关系有利于儿童自我控制的发展，而冲突、疏离的亲子关系则不利于儿童自我控制的发展。

五、讨论与分析

首先，本研究发现，父母养育方式中的鼓励接纳与学前儿童的自我控制呈正相关，而拒绝惩罚和控制保护与学前儿童的自我控制呈负相关。通过回归分析进一步发现，鼓励温暖能够促进学前儿童的自我控制，而拒绝惩罚和控制保护能够延缓学前儿童的自我控制。该结果与前人的研究（Vazsonyi & Belliston，2007；Karreman，van Tuijl，van Aken，& Dekovic，2008）比较一致。

父母的鼓励接纳能够促进学前儿童的自我控制，这表明，父母对儿童采取关心、温暖、敏感的养育方式可能使儿童感受到母亲的温暖和敏感关心，会与母亲建立起良好信任的关系，从而以一种更加积极的姿态与内化母亲的规则和要求（Karreman，van Tuijl，van Aken，& Dekovic，2008）。而父母的拒绝惩罚和保护控制能够延缓学前儿童的自我控制，表明父母采取惩罚和过度保护控制的养育方式更可能导致儿童产生更多的反抗，而不是去关注自己"违规的行为"，也很少去调整和控制自己的行为。久而久之，他们更害怕不能成功，对自己完成任务的能力更怀疑，行为迟疑度更高（Vazsonyi & Belliston，2007；Vazsonyi et al.，2008）。

所以，对于父母来说，学前儿童的自我意识正在飞速发展，同时对学校环境的适应和同伴的相处，也是他们建立自尊和正常自我意识的重要来源。因此，当儿童在校行为表现不佳时，其已经处于自我意识发展的不利地位，此时如果父母操之过急，或方法不当，如严厉惩罚、拒绝否认等，则无异于雪上加霜，更不利于儿童自我意识的正常发展。对于出现行为问题的儿童，唯有理解宽容、鼓励支持，饱含爱心的积极态度，才能是他们建立健康的自我概念的有力保证。

其次，本研究发现，父母监管与学前儿童的自我控制呈正相关，通过回归分析进一步发现，父母监管能够促进学前儿童的自我控制，该结果与前人的研究（Yesim & Esin，2008；Hay & Forrest，2006）比较一致。首先，父母对儿童行为的监管和适当约束，可能会使儿童明白哪些规则是应该遵守的，哪些行为是需要自己控制的，进而减少一系列问题行为的产生。当父母的监管水平提高了，可以对孩子的行为、思想更加了解，而且也能让孩子感受到自己是在被注意着，从而更加规范自己的行为。

对于学前阶段的儿童来说，他们的自我意识还不太成熟，对于外界的一系列不良因素也不能很好地认识。因此，家长需要付出更多的监管，对孩子的行为、思想都要采取必要的监督和管理，帮助他们形成规范的、有准则的行为习惯，同时也要引导孩子在思想层面对规范行为准则形成思维习惯，控制孩子与不良同伴的接触，减少其问题行为的产生，进而减少不良同伴对孩子的影响。

最后，本研究发现，亲子关系中的亲密性与学前儿童的自我控制呈正相关，而冲突性与自我控制呈负相关，通过回归分析进一步发现，亲密性能够促进学前儿童的自我控制，而冲突性能够延缓学前儿童的自我控制。而且本研究还发现，在师生关系中的结果与亲子关系的结果是一致的，这与前人研究的结果（Blair et al.，2011；Hope，Grasmick，& Pointon，2003；Meldrum，2008）一致。在家庭系统内，儿童与父母之间的关系越是亲密，则越会增强父母的养育信心，促使父母积极参与孩子的生活及日常活动，这样，父母会体验到更多的积极情绪，进而采取更多的温暖和支持等积极养育方式。相反，如果儿童与父母之间的关系不良，容易产生冲突，那么父母可能会有更多的消极情绪，从而表现更多的消极养育方式（Rueger，Katz，Risser，& Lovejoy，2011）。另外，在学校系统内，学前期儿童的独立意识增强，开始能够积极表达自己的意愿，如果师生关系良好，那么就会增加老师对儿童的信任感，也会让其自主进行活动，不会打断或干扰儿童的活动，尊重孩子的自主性，从而更利于儿童社会化（Baker，2006；Silver，Measelle，Armstrong，& Essex，2005）。因此，作为学前儿童的重要他人——教师和父母，应当积极地与儿童保持良好的亲密关系，而不应与孩子产生冲突，这样将更有利于儿童的健康发展。

六、研究结论

（1）父母鼓励与接纳的养育能够促进儿童的自我控制，而拒绝惩罚、控制保护的抚养行为则对儿童的自我控制不利。

（2）父母对儿童的监管能够促进儿童的自我控制发展。

（3）亲密的亲子关系能够促进学前儿童的自我控制，而冲突的亲子关系则延缓学前儿童自我控制的发展。

第二节　父母养育对儿童自我控制发展变化轨迹的作用

一、研究目的

通过三年的追踪来分析父母养育行为对学前阶段儿童自我控制发展变化轨迹的影响。揭示父亲或母亲教养行为对学前儿童自我控制的初始水平和增长速率的影响。

二、研究假设

（1）父母鼓励接纳等积极的教养行为对学前儿童自我控制的初始发展水平和增长速率有积极促进作用。

（2）父母拒绝惩罚等消极的养育行为对学前儿童自我控制的初始发展水平与增长速率有消极的作用。

三、研究方法

（一）被试

采用随机整群抽样的方法从南京市 6 所幼儿园选取了 541 名小班儿童作为最初的被试，经征求意见，有 474 名儿童（$M_{年龄}$ = 50.92 个月，SD = 4.21 个月）及其父母同意参加研究，其中男孩 264 名，女孩 210 名。家庭人均月收入介于 500～50000 元（M_o = 2000 元）。母亲受教育程度大专以上占 45%，其中 15 人未报告受教育程度，父亲受教育程度大专以上占 49%，其中 23 人未报告受教育程度。

由于搬家、转学等原因而导致部分被试在追踪研究过程中流失。对流失被试与继续参加的被试在第一年测查的自我控制、父母养育方式上的 t 检验结果表明，第二年流失被试与继续参加的被试在第一年的自我控制（$t_{470} = -0.59$，$P > 0.05$）、父亲鼓励接纳（$t_{461} = -0.48$，$P > 0.05$）、父亲拒绝惩罚（$t_{461} = 1.74$，$P > 0.05$）、母亲鼓励接纳（$t_{470} = -0.97$，$P > 0.05$）、母亲拒绝惩罚（$t_{470} = 0.19$，$P > 0.05$）上均不存在显著差异。第三年流失被试与继续参加的被试在第一年的自我控制（$t_{470} = 1.14$，$P > 0.05$）、父亲鼓励接纳（$t_{461} = 0.54$，$P > 0.05$）、父亲拒绝惩罚（$t_{461} = -0.15$，$P > 0.05$）、母亲鼓励接纳（$t_{470} = 0.91$，$P > 0.05$）、母亲拒绝惩罚（$t_{470} = 0.13$，$P > 0.05$）上均不存在显著差异。这说明样本的流失是随机的。

（二）研究工具

儿童行为问卷（Child Behavior Questionnaire，CBQ）。该问卷由 Rothbart 等人（Rothbart，Ahadi，Hershey，& Fisher，2001）编制，用于测查 3~7 岁儿童的气质。问卷包括外向性或活跃性（Extraversion/Surgency）、消极情绪性（Negative affectivity）和努力控制（Effortful control）三个大维度，每个大维度下又包含若干子维度。儿童行为问卷在中国被试中使用的结果均表明具有较高的信度和效度。本研究采用努力控制分量表来测查儿童的自我控制，采用 Likert 式 7 点记分方式，由儿童的母亲报告，分数越高表示自我控制能力越强。自我控制维度在三年测查中的 Cronbach α 系数分别为 0.75、0.75、0.76，这表明努力控制分量表在本研究中具有较好的信度。

父母养育方式问卷（Child - Rearing Practice Report，CRPR）。该问卷由 Block（1981）编制，最初形式为 91 张 Q 分类卡片，主要测量父母的养育态度、信念和行为。本研究采用 Chen 等人（1998）在中国被试中修订的版本，Chen 等人的因素分析结果表明该问卷可分为接纳、拒绝、限制、控制、惩罚、鼓励成就、鼓励独立、保护担忧等维度。本研究选用鼓励独立、鼓励成就、接纳和惩罚四个维度。由儿童的父母分别进行报告。父亲问卷在鼓励独立、鼓励成就、接纳、拒绝、惩罚五个维度上的 Cronbach α 系数分别为 0.72、0.65、0.71、0.62、0.60，母亲问卷在相应维度上的 Cronbach α 系数分别为 0.79、0.66、0.71、0.65、0.64。这说明该问卷在本研究中的信度可以接受。

由于父母的鼓励独立、鼓励成就与接纳之间，拒绝与惩罚之间的相关均较高。在父亲数据中，前三者的相关介于 0.51 ~ 0.65，后两者的相关为 0.52；在母亲数据中，前三者的相关介于 0.52 ~ 0.69，后两者的相关为 0.50。因此，一方面为了避免多重共线性问题，另一方面为了简化父母养育方式的维度，故在进行统计分析时，将父母问卷中的鼓励独立、鼓励成就与接纳合并，命名为鼓励接纳；将拒绝与惩罚合并，命名为拒绝惩罚。

（三）研究程序

首先是样本选取。研究者通过被试所在地妇幼保健机构随机选取了 6 所幼儿园，通过园方向家长发放被试知情同意书，确定同意参加的人数。其次，对承担本研究实测任务的心理学研究生进行了培训，统一指导语。最后，分三个时间点进行测查。主试向幼儿园教师和保育人员说明本研究的目的，以及问卷指导语和注意事项。主试与班级主班教师利用家长接送孩子的时间，向家长说明问卷的填写指导语和注意事项，要求家长在两个星期内填写完问卷并交到主班教师处，最后由主试从主班教师处统一收回。

（四）数据统计分析

采用 SPSS16.0 统计软件进行数据录入与整理，用 HLM6.06 软件进行多水平数据分析。主要使用相关分析、线性增长模型等统计方法。

四、研究结果

为了考察初始的父母养育方式对儿童自我控制发展变化的速率和最后发展水平的影响，分别构建条件模型（Conditional Model）。即在无条件模型的基础上，分别构建了三个二层模型来解释儿童自我控制的增长率的变化（斜率的变化）。

模型 1 旨在考察父亲养育方式对儿童努力控制的截距（第三年自我控制的平均得分）和斜率（三年间努力控制的平均增长率）的影响。

模型 1 的第一层方程：Y（自我控制）$= \beta_0 + \beta_1 X$（时间）$+ r$

模型 1 的第二层方程：$\beta_0 = \gamma_{00} + \gamma_{01}$（父亲鼓励接纳）$+ \gamma_{02}$（父亲拒绝惩罚）$+ u_0$；$\beta_1 = \gamma_{10} + \gamma_{11}$（父亲鼓励接纳）$+ \gamma_{12}$（父亲拒绝惩罚）$+ u_1$

模型 2 旨在考察初始母亲养育方式对儿童自我控制的截距和斜率的影响。

模型 2 的第一层方程：Y（自我控制）$= \beta_0 + \beta_1 X$（时间）$+ r$

模型 2 的第二层方程：$\beta_0 = \gamma_{00} + \gamma_{01}$（母亲鼓励接纳）$+ \gamma_{02}$（母亲拒绝惩罚）$+ u_0$；$\beta_1 = \gamma_{10} + \gamma_{11}$（母亲鼓励接纳）$+ \gamma_{12}$（母亲拒绝惩罚）$+ u_1$

模型 3 旨在同时考察父亲和母亲养育方式对儿童努力控制的截距和斜率的影响作用。

模型 3 的第一层方程：Y（自我控制）$= \beta_0 + \beta_1 X$（时间）$+ r$

模型 3 的第二层方程：$\beta_0 = \gamma_{00} + \gamma_{01}$（父亲鼓励接纳）$+ \gamma_{02}$（父亲拒绝惩罚）$+ \gamma_{03}$（母亲鼓励接纳）$+ \gamma_{04}$（母亲拒绝惩罚）$+ u_0$；$\beta_1 = \gamma_{10} + \gamma_{11}$（父亲鼓励接纳）$+ \gamma_{12}$（父亲拒绝惩罚）$+ \gamma_{11}$（母亲鼓励接纳）$+ \gamma_{12}$（母亲拒绝惩罚）$+ u_1$

表 5-6　儿童自我控制与父母养育方式的描述统计及相关分析结果

	变　量	M	SD	1	2	3	4	5	6	7
1	T1 父亲鼓励接纳	4.17	0.41	1						
2	T1 父亲拒绝惩罚	2.75	0.55	0.17 ***	1					
3	T1 母亲鼓励接纳	4.11	0.40	0.28 ***	0.03	1				
4	T1 母亲拒绝惩罚	2.57	0.48	0.09	0.28 ***	0.08	1			
5	T1 儿童自我控制	4.85	0.75	0.06	-0.16 ***	0.32 ***	-0.23 ***	1		
6	T2 儿童自我控制	4.95	0.72	0.09	-0.17 ***	0.31 ***	-0.19 ***	0.66 ***	1	
7	T3 儿童自我控制	4.97	0.75	0.17 ***	-0.20 ***	0.21 ***	-0.18 ***	0.53 ***	0.60 ***	1

注：T1 表示第一年测查的数据，T2 表示第二年测查的数据，T3 表示第三年测查的数据，下同。

* $p < 0.05$，** $p < 0.01$，*** $p < 0.001$，下同。

三个条件模型的统计结果见表 5 - 7。由表 5 - 7 可知，模型 1 中，初始的父亲接纳鼓励和拒绝惩罚对模型第二层截距的预测显著，但对斜率的预测不显著。从随机部分的结果来看，相对于无条件模型来说，在第二层加入初始的父亲养育方式后，儿童自我控制的截距和斜率的方差变异均减少，即初始的父亲鼓励接纳和惩罚拒绝可以分别解释儿童自我控制截距和斜率方差变异的 10.06% 和 2.44%。

表 5 - 7　父母养育方式对儿童自我控制发展的影响

固定部分	β	SE	t
模型 1			
截距			
父亲鼓励接纳	0.26	0.08	3.23 **
父亲拒绝惩罚	− 0.32	0.06	− 5.21 ***
斜率			
父亲鼓励接纳	0.06	0.04	1.44
父亲拒绝惩罚	− 0.04	0.03	− 1.26
模型 2			
截距			
母亲鼓励接纳	0.45	0.09	5.01 ***
母亲拒绝惩罚	− 0.34	0.07	− 4.89 ***
斜率			
母亲鼓励接纳	− 0.10	0.05	− 2.13 *
母亲拒绝惩罚	0.04	0.04	0.93
模型 3			
截距			
父亲鼓励接纳	0.17	0.07	2.37 *
母亲鼓励接纳	0.38	0.09	4.36 ***
父亲拒绝惩罚	− 0.25	0.06	− 3.85 ***
母亲拒绝惩罚	− 0.27	0.07	− 3.74 ***
斜率			
父亲鼓励接纳	0.09	0.04	2.34 *
母亲鼓励接纳	− 0.13	0.05	− 2.86 **
父亲拒绝惩罚	− 0.06	0.04	− 1.61
母亲拒绝惩罚	0.05	0.04	1.28

续表

随机部分	τ	χ^2	ΔR^2
基本模型			
截距	0.358	1402.38 ***	
斜率	0.041	568.09 ***	
模型 1			
截距	0.322	1184.18 ***	10.06%
斜率	0.040	561.97 ***	2.44%
模型 2			
截距	0.307	1147.79 ***	14.25%
斜率	0.039	562.93 ***	4.88%
模型 3			
截距	0.290	1102.92 ***	18.99%
斜率	0.037	552.25 ***	9.76%

注：R^2 是指各模型（模型 1、模型 2 和模型 3）分别与无条件模型相比，方差减少的百分比。

时间编码：-2，-1，0 分别表示第一次测查到第三次测查的时间。

　　模型 2 中，初始的母亲接纳鼓励和拒绝惩罚对模型第二层截距的预测均显著，而且母亲鼓励接纳对模型第二层斜率的预测也显著。随机部分的参数表明，相对无条件模型来说，初始的母亲养育方式可以分别解释儿童自我控制截距和斜率方差变异的 14.25% 和 4.88%。

　　模型 3 中，在第二层同时加入初始的父亲和母亲养育方式，结果表明父亲、母亲鼓励接纳能显著正向预测儿童第三年自我控制的平均得分，而父亲、母亲拒绝惩罚均能显著负向预测儿童第三年自我控制的平均得分。这说明父亲和母亲积极的抚养方式能促进三年后儿童自我控制的水平，而消极的抚养方式对儿童三年后自我控制的发展不利。此外，父亲、母亲初始的拒绝惩罚对三年间儿童自我控制的增长速率的预测也达到显著水平，但父亲拒绝惩罚对自我控制的增长速率有正向作用，而母亲的拒绝惩罚则产生负向作用。随机部分的参数进一步表明，同时考虑初始的父亲和母亲养育方式后，二者可以分别解释儿童自我控制的截距和斜率方差变异的 18.99% 和 9.76%。

五、讨论与分析

　　从条件模型的结果来看，在仅考虑父亲养育方式的前提下，学前初期的父亲养育方式对学前末期儿童自我控制的发展水平有明显的影响。父亲对儿童的鼓励和接纳越多，儿童在后期的自我控制水平相对较高，而父亲的拒绝和惩罚越多，儿童后来的自我控制水平相对较低。但无论是父亲积极的接纳鼓励，还是消极的拒绝惩罚对学前期儿童的自我控制增长速率均无明显影响。在只考虑母亲养育方式的情况下，学前初期的母亲养育方式对儿童自我控制的最终发展水平与平均增长速率均有明显的影响作用。母亲对儿童的鼓励和接纳越多，儿童最终的自我控制水平发展越高，而母亲在抚养过程中表现出较多的拒绝和惩罚行为，儿童在学前末期的自我控制水平越低。但是，母亲鼓励和接纳的抚养方式反而会延缓学前期儿童自我控制的增长速度。同时考虑父亲和母亲养育方式的情况下，父亲和母亲的养育方式对学前末期儿童的自我控制的平均水平具有明显影响作用，积极的父母养育起着促进作用，而消极的养育方式起着阻碍作用。学前初期，父亲在养育过程中表现出的鼓励和接纳行为越多，儿童在整个学前期自我控制的增长速率越快，但母亲的鼓励和接纳行为越多，反而会降低儿童自我控制在学前期的增长速率。

　　在考察父母养育方式对儿童个体自我控制发展差异的影响时，不管是分别考虑父母养育方式，还是二者一起考虑。学前初期的父亲和母亲积极的抚养方式都会对学前末期的自我控制具有促进作用，而消极的抚养方式则起着负面作用。这一结果与现有研究完全一致。不管是采用问卷测查，还是从亲子互动中观察的数据，父母（更多是母亲，父亲的参与率极低）敏感、接纳和支持性的抚养理念和行为对儿童当前和后来的行为约束和管理能力均有积极作用，而惩罚、排斥、拒绝和专断冷漠的抚养理念或风格，都会导致儿童抑制冲动行为，发起和管理自我行为的能力降低（Eisenberg et al., 2005；Gaertner et al., 2008；Karreman et al., 2008；Kochanska et al., 2008；Li－Grining, 2007；Xu et al., 2009）。因为儿童更愿意内化那些对自己友好、敏感父母的要求和期望，而对拒绝和专断父母的要求和指令持有一种反抗情绪（Eisenberg et al., 2010; Karreman et al., 2008）。

在分别考虑父母养育方式的情况下，父亲养育方式对儿童自我控制发展变化的个体差异（既包括最终发展水平也包括增长速率）的解释率要低于母亲，这说明母亲养育方式对儿童自我控制的影响作用可能略高于父亲，但并不能因此而否认父亲养育方式在儿童自我控制发展过程中的作用。父亲在儿童学习管理和调节自我行为的过程中也起着重要作用（Karreman et al., 2008; Parke, 2002; Raikes et al., 2007）。

除了对学前末期儿童自我控制水平的影响之外，父母养育方式对整个学前期儿童自我控制增长的速度也会产生影响，但这一作用模式仅在父亲和母亲积极的养育方式中成立。本研究发现，父亲对儿童的鼓励和接纳越多，儿童在整个学前期的自我控制增长速率越快，而母亲在整个学前期的鼓励、关爱越多，儿童自我控制的增长速度反而会放慢。这说明父母的抚养行为对学前阶段儿童的情绪和行为管理能力的发展速度存在不同的影响。这一点需要我们格外关注，因为现有研究仅仅发现父母，尤其是母亲的积极养育会对儿童当前或以后的自我控制能力有帮助作用（Karreman et al., 2008; Kochanska et al., 2008），但却从未报道过父亲和母亲的养育方式会对儿童自我控制发展速度存在不同影响。对这个结果，可能有三个方面的原因。第一，在中国的文化中，父亲和母亲在管控孩子的方式上存在差异，往往是"严父慈母"（谷传华，陈会昌，许晶晶，2003）。即母亲大多对儿童表现出关爱、相对比较宽松的规则约束模式，有时甚至会溺爱，而父亲则在规则的建立、维持和行为的管控方面相对严格。同样是鼓励和接纳的态度和行为，在母亲身上可能带有明显溺爱，但在父亲身上则可能是关爱但不失原则。第二，儿童的年龄可能也会调节着父母的养育态度和行为（Sanson, Hemphill, & Smart, 2004）。对于学前阶段的儿童，父亲和母亲对其抚养方式可能存在不同的认识，父亲可能觉得应该对该年龄的孩子要关爱，但不能无原则，而母亲则认为应更多关爱，甚至溺爱一点，而不应该过于严厉。第三，父母对儿童抚养过程中所承担的角色不同。一般来说，母亲更多承担了儿童的生活照料和情感抚慰，而父亲更多是游戏玩伴和行为榜样（Parke，2002）。同样是鼓励和接纳的抚养行为，但各自所侧重的发展内容不同，因而对儿童造成的影响也不同。可能正是由于上述三个方面的原因，同样是父母积极的抚养态度和行为，却对儿童自我控制的发展速度产生了不同影响。

六、研究结论

（1）追踪研究表明，父亲对学前儿童的鼓励和接纳越多，儿童后期的自我控制水平越高，而父亲对学前儿童的拒绝和惩罚越多，儿童后期的自我控制水平越低；父亲鼓励接纳和拒绝惩罚的抚养行为对学前儿童自我控制的增长速率无明显影响作用。

（2）追踪研究表明，母亲对学前儿童的鼓励和接纳越多，儿童后期的自我控制水平发展越高，而母亲拒绝和惩罚的抚养行为越多，儿童在后期的自我控制水平越低；母亲鼓励和接纳的抚养行为反而不利于自我控制的增长速率。

第三节　师生关系与学前儿童自我控制的关系研究

一、研究目的

通过横断研究来分析师生关系对学前儿童自我控制的预测关系。

二、研究假设

（1）师生关系越亲密，学前儿童自我控制能力越强。

（2）师生关系冲突越多，学前儿童自我控制能力越弱。

三、研究方法

（一）被试

从南京市 5 所幼儿园中选取了 503 名中班儿童作为最初被试，经征得监护人同意，共有 486 名儿童（$M_{年龄}$ =55.51 个月，SD =0.18 个月）及其教师参加研究，其中男孩 278 名，女孩 208 名。家庭人均月收入介于 1000~75000 元（M_0 =5000 元）。母亲受教育程度大专以上占 61.74%，其中 15 人未报告受教育程度，父亲受教育程度大专以上占 67.55%，其中 19 人未报告受教育程度。

（二）研究工具

简版自我控制量表。该量表由 Tangney 及其合作者（Tangney, Baumeister, & Boone, 2004）编制，并发展了简化版，共 13 个题目，采用 Likert 式 5 点记分，从 1 到 5 表示"完全不符合"到"完全符合"。该量表在国内外也应用广泛（Maloney, Grawitch, & Barber, 2012；范伟，钟毅平，李慧云，孟楚熠，游畅，傅小兰，2016），在此量表上得分越高，表示自我控制能力越好。本研究将量表的题目形式改成以教师的口吻来报告。以该量表所有题目的平均值作为学前儿童自我控制能力方面的得分。在本研究中，教师问卷的整体内部一致性 Cronbach α 系数为 0.82，表明该量表在本研究中具有较好的信度。

简版儿童行为问卷–抑制控制分量表。该问卷由 Rothbart 等人（Rothbart, Ahadi, Hershey, & Fisher, 2001）编制，用于测查 3~7 岁儿童的气质。问卷包括外向性或活跃性（Extraversion/Surgency）、消极情绪性（Negative affectivity）和努力控制（Effortful control）三个大维度，每个大维度下又包含若干子维度。儿童行为问卷在中国被试中使用的结果均表明具有较高的信度和效度。本研究选取努力控制分量表下的抑制控制子量表，并对其题目的表述方式和适用性进行了修改，使得题目适合幼儿园的环境和老师的口吻，该量表为 Likert 式 7 点记分，由儿童的班主任老师报告，教师问卷的 Cronbach α 系数为 0.89。儿童自我控制的得分由简版自我控制量表和简版儿童行为问卷抑制控制自量表的分数合成。

师生关系量表（Teacher – child Relationship Scale）。采用 Pianta（1992）编制的师生关系量表来测查师生关系。该量表分为亲密性、冲突性、依赖性三个维度，采用 Likert 式 5 点记分，共有 35 个题目，由儿童的班主任教师报告。张晓等人（张晓，陈会昌，张桂芳等，2008）在中国被试群体中对该问卷进行了修订和使用，其结果表明，除依赖性维度信度较低以外，亲密性和冲突性的信效度均较高。本研究沿用了张晓等人的版本，只采用了亲密性和冲突性两个维度，故无须再去验证问卷中的结构效度。教师问卷在亲密性、冲突性两个维度的 Cronbach α 系数分别为 0.81、0.85，说明该问卷的信度较好。

（三）研究程序

首先是样本选取。研究者随机选取了 5 所幼儿园，通过园方向家长发放知情同意书，确定同意参加的人数。其次，对承担本研究施测任务的心理学研究生进行了培训，统一指导语。最后，在 2016 年 10 月进行了问卷的测查。主试向幼儿园教师和父母说明本次研究的目的，以及问卷指导语和注意事项。主试与班级主班教师利用家长接送孩子的时间，向家长说明问卷的填写指导语和注意事项，要求家长在两个星期内填写完问卷并交到主班教师处，然后由主试从主班教师处统一收回。

（四）数据统计分析

采用 SPSS 22.0 统计软件包对数据进行整理分析，主要使用描述统计、相关分析、多元线性回归分析等统计方法。

四、研究结果

由于本研究中的师生关系与儿童自我控制的数据都由教师报告，并且采用的都是问卷调查法，因此可能导致预测变量与结果变量因出现共同方法偏差的问题。因此，我们采用 Harman 单因素检验进行了共同方法偏差的检验（Podsakoff，MacKenzie，Lee，& Podsakoff，2003）。

将教师亲密性与自我控制所有题目进行因子分析，抽取出特征值大于1 的因素数共有 5 个，且第一个因子的方差贡献率为 27.40%；将教师冲突性与自我控制所有题目进行因子分析，抽取出特征值大于 1 的因素数共有5 个，且第一个因子的方差贡献率为 29.32%。Harman 单因素检验方法的检验结果表明师生关系与儿童自我控制的项目中抽取的因子数均不止1个，而且第一个因子的方差贡献率均未超过40%。这说明教师作为同一评价者报告的师生关系与自我控制数据共同方法偏差不严重。

对儿童自我控制与师生关系的描述性统计结果见表5－8。

表5－8　师生关系与儿童自我控制的描述统计结果（教师报告）

变量	教师报告					
	总样本		男生		女生	
	M	*SD*	*M*	*SD*	*M*	*SD*
儿童自我控制	3.85	0.70	3.74	0.70	3.99	0.68
师生亲密性	4.14	0.64	4.10	0.64	4.19	0.68
师生冲突性	2.30	0.73	2.38	0.76	2.20	0.68

为了考察师生关系与儿童自我控制的共变关系，对师生关系与儿童自我控制进行了相关分析，相关分析的结果见表5－9。

表5－9　儿童自我控制与师生关系的相关分析结果（教师报告）

变量	1	2	3
1　儿童自我控制	1		
2　师生亲密性	0.33 ***	1	
3　师生冲突性	－0.47 ***	0.04	1

表5－9的结果表明，师生亲密性与儿童自我控制显著正相关（$r = 0.33$，$p < 0.001$，双侧检验），师生冲突性与儿童自我控制显著负相关（$r = -0.47$，$p < 0.001$，双侧检验）。这说明师生关系越亲密，儿童的自我控制能力越强；而师生冲突越多，儿童自我控制能力越低。

为进一步考察师生关系与儿童自我控制之间的预测关系，以儿童自我控制为因变量，以儿童性别为控制变量，师生关系作为预测变量进行了层次多元回归分析，结果分别见表5－10。

表 5 - 10　自我控制对师生关系的回归分析结果（教师报告）

预测变量	儿童自我控制					
	B	SE	R^2	ΔR^2	β	t
第一层			0.03	0.03		
儿童性别	-0.25	0.06			-0.18	-3.96 ***
第三层						
师生亲密性	0.37	0.04	0.35	0.32 ***	0.34	9.28 ***
师生冲突性	-0.45	0.04			-0.47	-12.88 ***

由表 5 - 10 可知，在控制儿童的性别因素后，师生亲密性能显著正向预测儿童的自我控制（$\beta = 0.34$，$p < 0.001$），而师生冲突性则显著负向预测儿童的自我控制（$\beta = -0.47$，$p < 0.001$）。这说明师生关系是儿童自我控制发展的一个重要影响因素，师生关系越亲密，儿童的自我控制能力越强，师生关系冲突越多，儿童的自我控制能力越弱。亲密融洽的师生关系有利于儿童自我控制的发展，而冲突、疏离的师生关系则不利于儿童自我控制的发展。

五、讨论与分析

本研究发现师生关系对儿童自我控制的预测关系与亲子关系对自我控制的预测关系相似。在前人的研究中（Blair et al.，2011；Hope，Grasmick，& Pointon，2003；Meldrum，2008）也得到了类似的结果。一方面，在家庭系统内，亲密、温暖的亲子关系使得父母与子女形成良性的互动交往，在这种融洽的关系中，儿童更愿意遵从父母的要求和社会规则，不遵从则会引起儿童的内疚感。相反，充满冲突和对抗的亲子关系会导致父母与孩子非良性的互动，导致儿童在情绪上抵制或对抗父母的要求或社会规则。另一方面，当儿童与父母之间的关系越是亲密，越会增强父母的养育信心，促使父母积极参与孩子的日常活动，也会使父母体验到更多的积极情绪，进而采取更多的温暖和支持等积极养育方式，积极的养育行为能够更好地塑造儿童的行为，使得儿童抑制自己的冲动，遵守成人的要求和规定。相反，如果儿童与父母之间的关系不良，更容易产生冲突，那么父母可能会有更多的消极情绪，从而表现更多的消极养育方式（Rueger，Katz，Risser，& Lovejoy，2011），消极的养育行为会使得儿童变得更加冲动，习惯性地激活情绪冲动系统，从而表现得更为冲动、缺乏自我约束。同样，进入早期学校后，儿童与教师朝夕相处，在师生交往的过程中，儿童逐渐对教师产生依恋关系，亲密、融洽的师生关系使儿童感受到关爱和温暖，在良好的关系氛围中，儿童更愿意遵从教师的教导和要求，因此有利于对自我冲动行为的克制。而在冲突、紧张的师生关系中，儿童对教师充满了恐惧和对抗情绪，所以对教师的要求和班级规则更不愿意遵守，也更加容易启动自身的情绪系统，导致表现出更多的冲动行为。总之，作为学前儿童的重要他人——教师和父母，应当积极地与儿童保持良好的亲密关系，而不应与孩子产生冲突，这样将更有利于儿童的健康发展。

综合本章的研究结果来看，父母鼓励温暖、父母监管和父母、教师与儿童之间的亲密关系对儿童的自我控制具有明显的正向预测作用，父母拒绝惩罚和父母、教师与儿童之间的冲突关系对儿童的自我控制具有明显负向的预测作用。这些结果说明良好的家庭教养和师生关系对儿童自我控制的发展具有积极的促进作用，而拒绝、冷漠以及冲突的家庭教养因素会对儿童的自我控制发展不利。本章从父母、教师等多信息数据来源的角度分析了家庭教养和学校因素对儿童自我控制的作用。综合来看，无论是来自父亲的数据，还是母亲的数据，都表明父母的养育行为和亲子关系对儿童自我控制具有重要的影响，不同来源的数据可以相互印证，提高了研究的效度。这说明家庭中父母的养育、监管以及亲子关系都是儿童自我控制发展过程中的重要影响因素。除了家庭因素之外，早期师生关系这种重要的学校因素也是学前儿童自我控制发展的关键影响因素，这说明在入园后与教师建立良好的师生关系非常重要。因此在将来的干预研究中，可以考虑以家庭为基础，对父母和儿童都进行相应的干预，必将更有利于儿童自我控制的健康发展。

六、研究结论

亲密的师生关系有利于学前儿童自我控制的发展，冲突的师生关系不利于学前儿童自我控制的发展。

本章参考文献

[1] Saudino, K. J. (2005). Behavioral genetics and child temperament. *Journal of developmental behavioral pediatrics*, 26 (3), 214 – 223.

[2] Rueda, M. R., Rothbart, M. K., McCandliss, B. D., Saccamanno, L., & Posner, M. I. (2005). Training, maturation and genetic influences on the development of executive attention. *Proceedings of the National Academy of Sciences of the USA*, 102 (41), 14931 – 14936.

[3] Wiebe, S. A., Espy, K. A., Stopp, C., Respass, J., et al. (2009). Gene – Environment interactions across development: exploring DRD2 genotype and parental smoking effects on self – regulation. *Developmental Psychology*, 45 (1), 31 – 44.

[4] Kochanska, G., Philibert R. A., Barry R. A. (2009). Interplay of genes and early mother – child relationship in the development of self – regulation from toddler to preschool age. *Journal of Child Psychology and Psychiatry*, 50 (11), 1331 – 1338.

[5] Simth, H. J., Sheikn, H. I., Dyson, M. W., Olino, T. M., Laptook, R. S., Durbin, C. E., … Klein, D. N. (2012). Parenting and child DRD4 genotype interact to predict children's early emerging effortful control. *Child Development*, 83 (6), 1932 – 1944.

[6] Posner, M. I., Rothbart, M. K., Sheese, B. E., & Tang, Y. (2007). The anterior cingulate gyrus and the mechanism of self – regulation. *Cognitive Affective & Behavioral Neuroscience*, 7 (4), 391 – 395.

[7] Botvinick, M. M., Braver, T. S., Barch, D. M., Carter, C. S., & Cohen, J. C. (2001). Conflict monitoring and cognitive control. *Psychological Review*, 108 (3), 624 – 652.

[8] Fan, J., Fossella, J., Sommer, T., Wu, Y., & Posner, M. I. (2003). Mapping the genetic variation of executive attention onto brain activity. *Proceedings of the National Academy of Sciences of the United States of America*, 100 (12), 7406 – 7411.

[9] Kopp, B., Rist, F., & Mattler, U. (1996). N200 in the flanker task as a neurobehavioral tool for investigating executive control. *Psychophysiology*, 33 (3), 282 – 294.

[10] Fenske, M. J., & Eastwood, J. D. (2003). Modulation of focused attention by faces

expressing emotion: Evidence from flanker tasks. *Emotion*, 3 (4), 327 – 343.

[11] Zysset, S. , Müller, K. , Lohmann, G. , & Von Cramon, D. Y. (2001). Color – word matching Stroop task: separating interference and response conflict. *NeuroImage*, 13 (1), 29 – 36.

[12] Zelazo, P. D. , Carlson, S. M. , & Kesek, A. (2008). The development of executive function in childhood. *Encyclopedia of Child Behavior and Development*, Springer US, 553 – 574.

[13] Chen, S. H. , Zhou, Q. , Uchikoshi, Y. , Bunge, S. A. (2014). Variations on the bilingual advantage? Links of Chinese and English proficiency to Chinese American children's self – regulation. *Frontiers in Psychology*, 30 (5), 1 – 11.

[14] Eisenberg, N. , Zhou, Q. , Spinrad, T. L. , Valiente, C. , Fabes, R. A. , & Liew, J. (2005). Relations among positive parenting, children's effortful control, and externalizing problems: A three – wave longitudinal study. *Child Development*, 76 (5), 1055 – 1071.

[15] Gaertner, B. M. , Spinrad, T. L. , & Eisenberg, N. (2008). Focused attention in toddlers: Measurement, stability, and relations to negative emotion and parenting. *Infant and Child Development*, 17 (4), 339 – 363.

[16] Li – Grining, C. P. (2007). Effortful control among low – income preschoolers in three cities: Stability, change, and individual differences. *Developmental Psychology*, 43 (1), 208 – 221.

[17] Karreman, A. , van Tuijl, C. , van Aken, M. A. G. , & Dekovic, M. (2008). Parenting, coparenting, and effortful control in preschooler. *Journal of Family Psychology*, 22 (1), 30 – 40.

[18] Xu, Y. Y. , Farver, J. A. M. , & Zhang, Z. X. (2009). Temperament, Harsh and Indulgent Parenting, and Chinese Children's Proactive and Reactive Aggression. *Child Development*, 80 (1), 244 – 258.

[19] Kochanska, G. , Aksan, N. , Prisco, T. R. , & Adams, E. E. (2008). Mother – child and father – child mutually responsive orientation in the first 2 years and children's outcomes at preschool age: Mechanisms of influence. *Child Development*, 79 (1), 30 – 44.

[20] Eisenberg, N. , Chang, L. , Ma, Y. , & Huang, X. K. (2009). Relations of par-

enting style to Chinese children's effortful control, ego resilience, and maladjustment. *Development and Psychopathology*, 21 (2), 455 – 477.

[21] Zhou, Q. , Lengua, L. J. , & Wang, Y. (2009). The relations of temperament reactivity and effortful control to children's adjustment problems in China and the United States. *Developmental Psychology*, 45 (3), 724 – 739.

[22] Hay, C. , & Forrest, W. (2006). The development of self – control: examining self – control theory's stability thesis. *Criminology*, 44 (4): 739 – 774.

[23] Polan, H. J. , Hofer, M. A. (1999). Maternally directed orienting behaviors of newborn rats. *Developmental Psychobiology*, 34 (4), 269 – 279.

[24] Liu, D. , Diorio, J. , Day, J. C. , Francis, D. D. , Meaney, M. J. (2000). Maternal care, hippocampal synaptogenesis and cognitive development in rats. *Nature Neuroscience*, 3 (8), 799 – 806.

[25] Caldji, C. , Diorio, J. , Meaney, M. J. (2000). Variations in maternal care in infancy regulate the development of stress reactivity. *Biological Psychiatry*, 48 (12), 1164 – 1174.

[26] Kochanska, G. , Coy, K. C. , Murray, K. T. (2001). The development of self – regulation in the first four years of life. *Child Development*, 72 (4), 1091 – 1111.

[27] Feldman, R. , Klein, P. S. (2003). Toddlers' self – regulated compliance with mother, caregiver, and father: implications for theories of socialization. *Developmental Psychology*, 39, 680 – 692.

[28] Blair, C. , Granger, D. , Willoughby, M. , Mills – Koonce, R. , Cox, M. , Greenberg, M. T. (2011). Salivary cortisol mediates effects of poverty and parenting on executive functions in early childhood. *Child Development*, 82 (6), 1970 – 1984.

[29] Karreman, A. , Tuijl, C. V. , Aken, M. A. G. V. , & Dekovic, M. (2009). Predicting young children's externalizing problems: interactions among effortful control, parenting, and child gender. *Merrill – Palmer Quarterly*, 55 (2), 111 – 134.

[30] Hamre, B. K. , & Pianta, R. C. (2001). Early teacher – child relationships and the trajectory of children's school outcomes through eighth grade. *Child Development*, 72 (1), 625 – 638.

[31] Vandell, D. L. , Belsky, J. , Burchinal, M. , Steinberg, L. , & Vandergrift, N. (2010). Do effects of early child care extend to age 15 years? results from the nichd

study of early child care and youth development. *Child Development*, 81 (3), 737 – 756.

[32] Baker, R. (2006). Gait analysis methods in rehabilitation. *Journal of Neuroengineering & Rehabilitation*, 3 (1), 1 – 10.

[33] Silver, R. B., Measelle, J. R., Armstrong, J. M., & Essex, M. J. (2005). Trajectories of classroom externalizing behavior: contributions of child characteristics, family characteristics, and the teacher – child relationship during school transition. *Journal of School Psychology*, 43 (1), 39 – 60.

[34] Valiente, C., Lemery – Chalfant, K., & Reiser, M. (2007). Pathways to problem behaviors: chaotic homes, parent and child effortful control, and parenting. *Social Development*, 16 (2), 249 – 267.

[35] Ewing, A. R., & Taylor, A. R. (2009). The role of child gender and ethnicity in teacher – child relationship quality and children's behavioral adjustment in preschool. *Early Childhood Research Quarterly*, 24 (1), 92 – 105.

[36] Tangney, J. P., Baumeister, R. F., & Boone, A. L. (2004). High self – control predicts good adjustment, less pathology, better grades, and interpersonal success. *Journal of Personality*, 72 (2), 271 – 324.

[37] Maloney, P. W., Grawitch, M. J., Barber, L. K. (2012). The multi – factor structure of the Brief Self – Control Scale: Discriminant validity of restraint and impulsivity. *Journal of Research in Personality*, 46 (1), 111 – 115.

[38] 范伟, 钟毅平, 李慧云, 孟楚熠, 游畅, 傅小兰. (2016). 欺骗判断与欺骗行为中自我控制的影响. 心理学报, 48 (7), 845 – 856.

[39] Rothbart, M. K., Ahadi, S. A., Hershey, K. L., et al. (2001). Investigations of temperament at three to seven years: The children's behavior questionnaire. *Child Development*, 72 (5), 1394 – 1408.

[40] Block, J. H. (1981). The Child – Rearing Practices Report (CRPR): A set of Q items for the description of parental socialization attitudes and values. University of California, Institute of Human Development.

[41] Chen, X., Hastings, P. D., Rubin, K. H., Chen, H., Cen, G., & Stewart, S. L. (1998). Childrearing attitudes and behavioral inhibition in Chinese and Canadian toddlers: A cross – cultural study. *Developmental Psychology*, 34 (4), 677 – 686.

[42] Morrongiello, B. A., & Corbett, M. (2006). The parent supervision attributes pro-

file questionnaire: a measure of supervision relevant to children's risk of unintentional injury. *Journal of the International Society for Child & Adolescent Injury Prevention*, 12 (1), 19 – 23.

[43] Andrade, C., Carita, A. I., Cordovil, R., & Barreiros, J. (2013). Cross – cultural adaptation and validation of the portuguese version of the parental supervision attributes profile questionnaire. *Injury Prevention Journal of the International Society for Child & Adolescent Injury Prevention*, 19 (6), 421 – 427.

[44] 郑睿, 张丽锦. (2009). 儿童冒险行为的影响因素. 心理科学进展, 17 (4), 745 – 752.

[45] Pianta, R. C., & Michael, S. (1992). Teacher – child relationships and the process of adjusting to school. *New Directions for Child & Adolescent Development*, (57), 61 – 80.

[46] 张晓, 陈会昌, 张桂芳, 周博芳, 吴巍. (2008). 亲子关系与问题行为的动态相互作用模型: 对儿童早期的追踪研究. 心理学报, 40 (5), 571 – 582.

[47] Podsakoff, P. M., MacKenzie, S. B., Lee, J. Y., & Podsakoff, N. P. (2003). Common method biases in behavioral research: a critical review of the literature and recommended remedies. *Journal of Applied Psychology*, 88 (5), 879 – 903.

[48] Vazsonyi, A. T., & Huang, L. (2010). Where self – control comes from: on the development of self – control and its relationship to deviance over time. *Developmental Psychology*, 46 (1), 245 – 257.

[49] Karreman, A., van Tuijl, C., van Aken, M. A. G., & Dekovic, M. (2008). Parenting, coparenting, and effortful control in preschooler. *Journal of Family Psychology*, 22 (1), 30 – 40.

[50] Vazsonyi, Alexander T. & Klanj? EK, R. (2008). A test of self – control theory across different socioeconomic strata. *Justice Quarterly*, 25 (1), 101 – 131.

[51] Yesim, D. T., Esin, T. (2008). Parenting styles and learned resourcefulness of turkish adolescents. *Adolescence*, 43 (169), 143 – 152.

[52] Hope, T. L., Grasmick, H. G., & Pointon, L. J. (2003). The family in Gottfredson and Hirschi's general theory of crime: Structure, parenting, and self – control. *Sociological Focus*, 36 (4), 291 – 311.

[53] Meldrum, R. C. (2008). Beyond parenting: An examination of the etiology of self –

control. *Journal of Criminal Justice*, 36 (3), 244 – 251.

[54] Rueger, S. Y., Katz, R. L., Risser, H. J., Lovejoy, M. C. (2011). Relations between parental affect and parenting behaviors: A meta – analytic review. *Parenting: Science and Practice*, 11 (1), 1 – 33.

[55] Eisenberg, N., Smith, C. L., & Spinrad, T. L. (2010). Effortful Control: Relations with Emotion Regulation, Adjustment, and Socialization in Childhood. In K. D. Vohs, Baumeister, R. F. (Ed.), *Handbook of self – regulation: Research, theory, and applications* (2th ed., pp. 263 – 283). New York: The Guilford Press.

[56] Parke, R. D. (2002). Fathers and families. In M. H. Bornstein (Ed.), *Handbook of parenting: Vol. 1. Children and parenting* (2th ed., pp. 27 – 73). Mahwah: NJ: Erlbaum.

[57] Raikes, H. A., Robinson, J. L., Bradley, R. H., Raikes, H. H., & Ayoub, C. C. (2007). Developmental trends in self – regulation among low – income toddlers. *Social Development*, 16 (1), 128 – 149.

[58] 谷传华, 陈会昌, 许晶晶. (2003). 中国近现代社会创造性人物早期的家庭环境与父母教养方式. 心理发展与教育, 19 (4), 17 – 22.

[59] Sanson, A., Hemphill, S. A., & Smart, D. (2004). Connections between temperament and social development: A review. *Social Development*, 13 (1), 142 – 170.

[60] 梁宗保, 张光珍, 邓慧华, 宋媛, 郑文明. (2013). 学前儿童努力控制的发展轨迹与父母养育的关系: 一项多水平分析. 心理学报, 45 (5), 556 – 567.

第六章

学前儿童自我控制的干预研究

冲动、好动，缺乏对自身行为和情绪的控制能力是儿童的普遍特征。早期自我控制能力的不足会导致儿童适应不良，甚至会导致各种情绪与行为问题。因此，如何通过后天的教育培养儿童的自我控制能力是家庭、学校和社会共同关注的焦点。长期以来，教育和心理工作者一直都在试图找寻儿童自我控制能力的最佳培养或干预方法。从现有的研究来看，对儿童自我控制的培养或干预研究大致可以分为两个阶段。第一个阶段是从20世纪70~80年代开始到21世纪初，该阶段主要以行为主义理论和认知行为理论为基础，采用语言指导、行为模仿、认知内化等方式对有多动症、攻击性等问题行为的儿童进行干预和训练，所用方法一般都是个体咨询、感觉统合活动、团体活动等方式。这些方法对儿童的自我控制培养具有一定的作用，但存在效果无法持久保持的问题，并且培养或训练的方式比较枯燥，无法让儿童很好地配合。第二个阶段是从21世纪初到现在，研究者主要采用行为抑制、注意力以及执行功能的训练，培养或训练的方式比较多样化，有电脑游戏、行为游戏、冥想以及专门课程等方式。目前来说，对儿童自我控制能力的培养效果相对较好，但仍然存在争议。

西方对儿童自我控制的培养研究最早是针对特殊群体，尤其是多动症儿童与攻击性儿童，这些儿童通常对行为与情绪的管控能力非常弱，其行为不仅会影响自己的学业和学校适应，同时也会干扰其他儿童。从20世纪70~80年代到21世纪初，西方学者陆续根据语言与行为发展理论、认知理论开展了儿童自我控制的干预研究，比较有代表性的是自我言语指导训练计划、发声思维训练方案、坚持性劝说、延迟满足训练等。进入21世纪后，随着一些自我控制新理论的提出以及新技术手段的出现，研究者发展了一些新的干预方法，例如电脑游戏干预方法、专门课程干预、注意力训练、有氧运动以及冥想等方法。

Meichenbaum 及与其合作者（Meichenbaum & Goodman，1971）最早根据鲁里亚的语言与行为发展理论，提出了自我言语指导的训练方法。该方案的目的是通过成人的帮助，由起初的用成人的言语帮助儿童控制自己的行为逐渐过渡到儿童依靠自己的有声言语控制行为，最终到儿童的内部言语来控制自己的行为。其原理起源于维果茨基的社会历史文化理论，该理论认为人类对思维与行为的控制都是从外部到内部，语言在人类的思维与行为的控制中起着中介作用。随后，Camp 等人（1977）针对攻击性儿童提出发声思维的训练方案。该方案结合自我言语指导和社会观察学习理论，成人用言语帮助儿童抑制攻击冲动或攻击行为时，同时还给儿童示范什么是恰当的交往行为。这样不但帮助儿童克制了攻击冲动，同时还告诉儿童应该怎么做。随后，Ronen（2004）提出了自我控制的综合干预模型，该模型结合认知理论与行为理论，通过矫正儿童不当的观念，认识问题发生的过程，增强对内部刺激的意识，发展自我控制能力以及问题的最终解决五个阶段来训练儿童的自我控制能力。该方案的实质是首先让儿童认识到自己的观念是否恰当，然后激活内部的自我控制意识，最后交给儿童正确的处理方法，从而达到自我控制的提升。Bergin 等人（1999）提出了坚持性劝说方案，该方案主要是成人通过不断重复儿童需要遵守的指令，旨在让儿童内化成人的要求和指令。该方案比较简单枯燥，在后期的实践中效果并不理想。20 世纪 70~80 年代，Mischel 对儿童延迟满足的研究获得了广泛关注，研究者用延迟满足的实验范式对儿童进行了干预训练，有的研究是通过延迟儿童对奖赏物的等待时间，增大儿童延迟的时间"阈限"，让儿童在面对诱惑或冲动时有更强的延迟等待能力，进而启动认知系统调节自己的行为。也有研究通过在延迟过程中教会儿童使用分心策略，并用言语来进一步强化分心的策略，使儿童暂时远离诱惑，以达到延迟满足。

上述儿童自我控制的干预研究都是基于早期的认知行为理论，而且大多针对的也是特殊儿童。对儿童自我控制能力的提升效果也褒贬不一，训练的方式也略显枯燥无趣，儿童的参与热情不高。进入 21 世纪后，儿童自我控制的干预或培养研究逐渐得到广泛重视。一方面，近些年，随着自我控制的认知-情绪双系统理论、注意调节理论等新理论的提出，对儿童自我控制的内部机制研究取得了很大进展，为干预研究和实践奠定了更好的理论基础；另一方面，随着对儿童执行功能的深入研究，研究者通过对儿童执行功能的干预来提高自我控制。执行功能涉及抑制控制、认知灵活性和工作记忆三个层面，研究者通过对执行功能不同层面的干预来提升儿童的自我控制能力。近几年，从执行功能层面进行的干预研究越来越多，而且方法和形式越来越多样，干预的对象也从异常儿童拓展到正常儿童。

　　基于执行功能的干预训练的主要方法很多，可以概括地分为计算机化的游戏、有氧健身运动、武术、正念、专门课程等。比较有代表性的基于计算机的游戏是 CogMed 工作记忆训练系统，该系统主要通过可逐步增加工作记忆容量的刷新训练来提高儿童的工作记忆广度，因为儿童执行功能缺乏或自我控制较弱的其中一个原因是工作记忆的容量不足，很难在短时间内记住任务的要求或指令。基于计算机的工作记忆训练系统可以短期内提高儿童的工作记忆容量，但是现有的结果表明该系统训练效果的迁移范围很窄，无法迁移到执行功能或自我控制的其他方面，如抑制控制能力等。有氧健身运动可以增强前额叶皮层的功能，进而促进儿童青少年的执行功能和自我控制能力。有研究发现 7 ~ 11 岁的儿童每天坚持 20 ~ 40 分钟的有氧健身运动，如跑步、跳绳、篮球等，其中一些运动量比较大的儿童的确在执行功能、工作记忆、数学成绩方面有所提高（Davis et al., 2011）。

　　传统武术和正念的方法近些年也常被用作儿童青少年自我控制的训练干预研究。因为传统的武术比较强调自我控制、纪律和个性发展。相比标准的体育训练，目前认为跆拳道之类的传统武术训练的效果，对于儿童执行功能和自我控制的提升效果比较明显，并且这种效果的迁移面比较广，可以迁移到各种情境和条件下。传统武术的训练效果在年长儿童身上要好于年幼儿童，男孩的效果要优于女孩。

　　近些年，通过正念来对儿童执行功能或自我控制的研究也快速涌现出来。一般情况下，静坐冥想、感觉意识的提升活动和注意调节是正念的三个重要组成部分。静坐冥想和注意调节需要对注意力进行自上而下的控制，要让注意力关注当下，并且对身心的任何状态都不做评判。这种方法实质上提升了个体注意聚焦的能力。有研究表明，在接受过正念训练后，相比一开始执行功能较强的儿童，起初执行功能较弱的 7 ~ 9 岁儿童的执行功能确实提升了，而且这种提升是多方面的，并不仅仅局限于工作记忆或者认知灵活性的某一方面；教师和父母也认为接受过干预的儿童在各种情境下都表现出执行功能或自我控制的提升（Flook et al.，2010）。甚至还有研究表明，瑜伽练习也能提高儿童的执行功能或自我控制，尤其是对10～13岁的女孩来说效果更加明显（Manjunath & Telles，2001）。然而，这种方法可能比较适合于正常儿童，而对某些特殊儿童来说并不是特别适合，例如注意缺陷多动障碍儿童。

在教育环境中，人们更愿意用专门的课程对儿童的执行功能或自我控制来进行培养。在西方文化背景下，教育实践者根据现有的理论开发了一些课程，比较有代表性的是《心灵钥匙》（*Tools of the Mind*），该课程是专门针对学前儿童的一门课程，主要依据维果茨基社会假装游戏理论，认为在社会假装游戏中，儿童必须要抑制所扮演角色之外的行为，记住自己和他人的角色，并且要根据自己朋友的即兴发挥而灵活调整。这门课程涉及工作记忆、抑制控制和认知灵活性三个方面的训练，是一个综合性的干预课程。儿童要计划好扮演什么样的角色，教师帮助孩子按照剧本完成各自角色的任务。通过《心灵钥匙》课程的干预，儿童的执行功能或自我控制得到比较好的提升。虽然在蒙台梭利的课程中，没有明确声称是针对儿童执行功能或自我控制的，但其部分课程内容涉及自我控制。例如，在动作发展课程中，要求儿童端着一勺水沿直线行走，并且不允许把水洒出来，或者要求儿童拎着铃铛走而不让铃铛发出声音。诸如此类的课程实际上要求儿童要保持高度的注意力，并且精细地控制自己的动作。这些要求实际上培养了儿童注意控制和动作控制能力。

除了专门课程以外，还有一些辅助课程用来帮助儿童提高自我控制能力。例如，在美国比较知名的《替换思维策略》（*Promoting Alternative Thinking Strategies*，PATHS）课程。该课程通过对教师的培训，让教师来帮助儿童提高自我控制、情绪识别和管理以及人际问题解决能力。学校日常生活中，年幼儿童的情绪反应通常通过冲动、直接的言语或者行为方式表达出来，不经过自上而下的理性思考。因此，这门课程的目的就是要教师训练儿童用言语来表达自己的情绪，并且习得自我控制的意识。当儿童有强烈的情绪反应时，教师要帮助儿童停下来深呼吸，然后用言语表达出自己的感受，这样有利于儿童认识和控制自己的情绪。在儿童行动之前，或者要做一件事情之前，要提醒儿童不要急于行动，先提出一个计划或想出一个办法后再做。《替换思维策略》课程作为学校教学的辅助课程，通常嵌入学校的日常生活。有研究发现，学习过该课程的 7~9 岁儿童都表现出更好的抑制控制和认知灵活性，并且在学校的外化问题和内化问题也明显减少（Riggs et al.，2006）。国外类似的课程还有芝加哥入学准备项目，该项目主要是针对处境不利儿童或者发展滞后儿童的教师。通过对教师培训，教会他们管理儿童行为的一些策略和技巧，提高他们对儿童行为的管理能力，从而间接促进儿童的自我控制能力和情绪调控能力。通过对比研究发现，参与该课程的教师，在儿童的行为管理方面表现得更好，而且在教室中使用了更多支持性的情绪调控策略，班上儿童的自我控制能力也得到明显的改善（Raver et al.，2011）。

综上，为了提升儿童的自我控制能力，研究者们采用了各种各样的干预或培养方法，目前这些方法都表明对儿童的自我控制能力增强具有一定的效果。有些方法的效果得到了更多研究的证实，而有些方法的效果证据还相对薄弱。但不管采用哪种方法，儿童或抚养者必须要花费时间和精力长期坚持才能有更好的效果。前面简要介绍了自我控制的传统干预方法和新近的干预方法，本章第一节将稍微详细地对各种方法进行介绍，为后续的干预研究提供理论和实证参考。

第一节 自我控制干预研究概述

对儿童自我控制进行培养和干预需要建立在可靠的理论和翔实的实证证据之上。国内外大量的干预研究都试图去改变因个体低自我控制而产生的不利影响，如冲动性行为、反社会行为问题以及学业困难等。然而，对于经历过不良行为的儿童来说是一种很大的挑战。因为早期发生过的行为问题和学业失败似乎有着滚雪球般的效应，让这些儿童在社会交往和学业能力上变得越来越糟。因此，尽早地对自我控制能力低下和具有不良问题的儿童进行恰当的干预，不但有助于避免问题进一步恶化，而且会改善他们的适应能力。近年来，研究者和教育实践者不仅关注处境不利或弱势儿童群体，而且开始关注正常儿童自我控制的培养。学前阶段是儿童自我控制迅速发展的阶段，采用科学的方法促进他们的自我控制能力，势必会促进其今后的学业和适应能力，避免因自控不足而导致的行为紊乱。自我控制能力的提高不仅会使个体受益，也会使整个班级或群体受益，在良好、有序的班级中学习、活动必会提高整个群体的学习效率和人际氛围。当前，国内外研究者围绕自我控制或执行功能的理论和方法，开展了一些干预研究，这些研究结果不同程度地证明儿童自我控制可以通过干预或培养得到改善或提升，所有这些研究都值得我国相关研究人员和教育工作者借鉴，下面将对西方研究者和国内研究者的研究成果进行介绍，为后续的干预研究提供依据和参考。

一、国外的干预研究

（一）早期研究

（1）自我指导训练计划（Self – instructional Strategy Training）。

国外学者 Meichenbaum 和 Goodman 在苏联心理学家维果茨基和鲁里亚的言语与行为关系理论的启发下，发现"出声言语"对于个体的早期学习具有重要促进作用，由此提出自我指导训练计划（Meichenbaum & Goodman，1971；1977）。该计划根据儿童外部行为受言语影响的三个阶段对儿童的自我控制进行训练。首先，实验者演示并完成一项对自己大声说话的任务，同时让儿童观察。接着让儿童重复该项任务，在儿童完成任务的过程中，研究者对其进行一定的指导。当儿童知道如何完成任务后，开始后续的任务。后续的任务共需要分成三个阶段来进行，分别是让儿童通过大声对自己说话、小声对自己说话和不说话的方式来完成，在儿童完成后续任务期间实验者将不再参与，而是让儿童独立参与。通过这样的方式训练儿童，使其逐步将外部语言内化为自身的内部语言，进而提高自我控制。

长期的实证研究表明，该训练已经成功地应用于易冲动型的儿童及多动症儿童，并且可以显著地改善其自我控制（Meichenbaum & Cameron，1973）。

（2）发声思维方案（Think Aloud Program）。

在借鉴 Meichenbaum 和 Goodman 自我指导训练计划的基础上，Camp 等人针对情绪冲动儿童设计了可用来训练 6~8 岁儿童自我控制的发声思维方案（Camp，Blom，Hebert，& van Doorninck，1977）。该方案主要是将儿童置身于问题情境中，通过训练儿童使用言语来抑制初期的侵犯冲动，教会儿童有组织地解决问题。即通过外在的言语来抑制冲动的行为。在训练期间，通常由成人提供认知方面的指导，给儿童提供一些可选择的解决问题的方式，并通过言语的方式让他们理解事情的因果关系，让他们自己选择解决问题的方法。通过这种训练方式，让儿童在外部言语指导下，逐渐达到能够独立运用语言解决问题的水平，并鼓励儿童将这些技巧以及这种解决问题的技能迁移到其他的问题情境中。这样的训练方式为那些早期不太爱说话的儿童的自我控制指明了一个方向。

（3）坚持性劝说（Persistent Persuasion）。

除了上述两种通过语言的方式来提高儿童自我控制之外，Bergin 等人提出了基于语言条件下的"坚持性劝说"来提高儿童的自我控制。所谓坚持性劝说，是指成人通过坚持不断地重复同样一个要求，直到儿童遵从为止，但成人在重复该要求的过程中并不是采用强制性威胁或怀有敌意的方式，而是采取恰当温和的语调来描述给儿童听（Bergin et al.，1999）。Bergin 认为，通过这种坚持性劝说的方式来完成成人对儿童的要求，实际上也是帮助儿童将完成该要求所需的行为内化的过程。倘若你问一个儿童为什么他会遵从成人不断重复的要求时，当他告诉你是自身的期望，而并不是由于成人的声调、威胁性以及出于对不履行要求时所要承担的后果时，儿童便开始了对成人的要求内化的过程。因此，在此过程中，成人不应将负性情绪传达给儿童，因为不断重复要求语调上的适宜性，这将不会给儿童造成情绪上的问题，同时儿童也不会感受到成人不断重复要求的敌意，这也降低了儿童反抗、抵制成人和对成人产生敌意的可能性。对于处于内化阶段中的儿童来说，这种积极情绪是非常重要的。最后，成人不断重复的这一过程，为儿童和成人之间的交流提供了机会，儿童会逐渐学会如何跟成人商量，正是在这样的一种平等和谐的互动关系中，儿童将更有可能去遵从成人的意见。可见，在提高儿童自我控制的过程中，与儿童建立一种良好的沟通关系至关重要。

（4）延迟满足训练（the Delay of Gratification Training）。

自从社会认知心理学家 Mischel 开启了经典的儿童延迟满足范式之后，延迟满足研究如雨后春笋般的涌现，直到今日依然方兴未艾。这充分说明延迟满足实验这一范式能够准确反映儿童自我控制的本质。延迟满足说明个体可以为了更有价值的长远结果考虑，甘愿等待一段时间而放弃即时满足的选择取向，这是一种个体心理成熟度的表现，其中等待的时间反映了个体自我控制的差异。为什么有的儿童在等待过程中会失败，而有的儿童则能够坚持完成？Mischel 等人通过大量的实验研究对这一问题给出了一些答案（Mischel, Shoda, & Rodriguez, 1989）。儿童在延迟过程中所采用的认知策略是导致其成功与否的关键。面对诱惑物时，能使用转移注意力，对诱惑物进行"冷认知"等策略的儿童更容易成功，而紧盯着诱惑物，对诱惑物进行"热启动"的儿童则更容易失败。后来的研究者认识到延迟满足范式不仅可以作为一种实验范式，而且可以作为一种自我控制的干预方法。延迟满足训练的原理就是一方面通过不断更换价值更大的奖励物，逐步提高儿童延迟等待的"阈限"；另一方面训练儿童在面对诱惑物时使用分析、冷认知等策略，学会自我抵制冲动。Binder 等人通过该范式对特殊儿童进行了训练。在训练的过程中，询问儿童是想立刻获得较少的奖品，还是等待一段时间获得更多的奖品，如果儿童选择等待一段时间，那就开始延迟满足的任务，反之则不进行任务。实验结果表明，通过延迟满足训练，个体的自我控制得到显著提升，实验还发现，在儿童进行自我延迟满足的过程中，儿童的言语活动对实验结果具有重要影响。在那些选择了延迟强化物的儿童中，当实验中伴有任何内容的言语活动出现时，个体都表现出了良好的自我控制（Binder, Dixon, & Ghezzi, 2000）。然而，延迟满足训练虽然能够提高儿童的自我控制能力，但训练方式和过程略显枯燥，缺乏趣味性，儿童缺乏长期练习的动力和兴趣。

（二）新近研究

（1）注意力训练

以 Posner 和 Rueda 为代表的注意力研究者发现，注意在儿童自我控制中发挥着至关重要的作用，大部分冲动、多动，自我控制能力较弱的儿童都不同程度地存在注意力的问题，注意力严重缺损的儿童会发展成注意缺陷多动障碍。在冲突任务中，儿童的注意聚焦和注意转移的灵活性在很大程度上决定任务的成败（Rueda，Posner，& Rothbart，2011）。Traci 等人（2007）发现儿童在 12～30 个月时维持注意的能力，能够有效地预测个体24 个月时的自我控制水平。在儿童早期，如果养育者能够通过使用一些安抚技巧使分心的婴儿集中注意，这些都将为个体后来的自我控制的发展奠定基础。当个体在任务中集中注意时，需要对刺激和反应能够有足够的控制，其中包括在冲突的情境下做出反应的控制。研究发现 4～6 岁具有较好注意集中能力的儿童在解决生气问题的时候，通常会将更多的精力集中在引起生气的事情上，而不会对引起问题的人采取攻击行为（Eisenberg，Fabes，Nyman，Bernzweig，& Pinuelas，1994）。神经成像的研究表明，在与注意控制相关的脑区中，前扣带回是一个主要的神经中枢，其与自我控制相关的很多具体功能相联系，其中包括对冲突的监控、工作记忆、情绪的调节、错误的反应等（Botvinick，Braver，Barch，Carter，& Cohen，2001）。基于大量的实证研究结果，研究者开始发展出一些注意力训练的方法，以期通过改善儿童的注意网络功能进而提高儿童的自我控制能力。注意定向与执行注意被认为是自我控制的核心成分，通常通过设置冲突的任务情境来对个体的注意定向和执行注意进行训练，这样更容易识别优势（抑制）和劣势（激活）反应。针对这两个成分，以 Redua 为代表的研究者设计了一系列基于计算机的注意力游戏，也称为注意力技巧训练方案（Rueda，Posner，& Rothbart，2005）。这些游戏主要训练儿童持续的注意集中、注意转换以及工作记忆能力。例如，让儿童通过游戏手柄操纵一只猫来追逐草地上移动的伞，或者操纵一只猫穿越复杂的迷宫；当羊出现而不是狼出现时点击鼠标等；让儿童根据靶目标的数量来判断屏幕上随机出现目标中哪一个与靶目标数量相同，等等。Rueda 等人通过对 4~6 岁儿童进行 5 天的短期训练，发现儿童的注意力与自我控制能力都有很大的改善。他们发现对儿童注意力的训练不仅可以在行为上有很大的改善，而且对儿童的大脑的活动状态也有明显的改善，有目的的注意力训练的确可以使个体的前扣带回和前额叶变得更加成熟，从而提高儿童的注意力。事件相关电位（ERPs）的结果也显示，4 岁儿童的 ERPs 显示结果与未经训练的 6 岁儿童的结果相似，6 岁儿童的 ERPs 显示结果与更年长的儿童和成人的结果相似，进一步表明经过训练后的儿童在完成注意控制任务时表现得更加出色（Rueda et al.，2005）。虽然该研究证实了通过该注意力训练课程可以有效地改善个体的注意水平，但由于训练的时间较短，个体的自我控制水平并未明显提高。因此，如果能够提供相对更加集中的训练任务和延长训练时间，进一步探讨该课程对提高儿童自我控制的有效性，对于培养和发展儿童的自我控制将具有重要意义。

（2）基于执行功能的干预

执行功能（Executive function）有时也被称作执行控制（Executive control），是指当自动化的反应或基于本能的、直觉的反应不明智、不充分、不可能时，人们需要集中注意的时候所需的一系列自上而下的心理过程（Burgess & Simons，2005）。执行功能包括抑制控制、认知灵活性和工作记忆三个成分。人们在完成某件事情或某个任务的时候必须要记住完成事情的步骤或程序，抑制冲动性的思维或行为，而且要面对条件的变化而灵活地做出调整。因此，执行功能在人类的活动中发挥着举足轻重的作用。人们做已经习惯的事情要比改变做法容易得多，接受诱惑比抵制诱惑也容易，"满足现状"要比计划将来更加容易。所以，执行功能发挥作用时需要个体付出意志努力。

鉴于执行功能在人类活动中的重要作用，研究者们尝试用各种方法来提高或促进儿童的执行功能，因为执行功能与自我控制存在重叠，执行功能提高的同时也提高了自我控制。在此，我们简要介绍目前对执行功能干预的一些主流方法和效果。Diamond（2011）对目前使用的执行功能干预的方法和效果进行了很好的综述，他认为从现有的研究至少可以得出两个结论：第一个是执行功能是可以提高的；第二个是提高执行功能不仅在于选用哪一种方法，更重要的是能否坚持长时间的训练。目前来看，获得较多研究证实的一些干预方法包括基于计算机的游戏训练、传统武术、专门的学校课程等干预方法，而有氧运动、瑜伽、正念这些方法得到的实证支持较弱。比较有代表性的计算机游戏训练系统是康美德计算机工作记忆训练系统（Cogmed computer – based training），主要是针对执行功能中的工作记忆和推理成分来进行训练（Bergman，Söderqvist，Bryde，Thorell，Humphreys，& Klingberg，2011）。该系统通过数字、图片等记忆材料不断更新的方式来提高儿童工作记忆能力，并且通过互动式的游戏来促进儿童的推理能力。康美德计算机工作记忆训练系统由培生出版集团出版以后在西方国家得到了比较广泛的应用，有很多学者通过研究报告了该系统对儿童执行功能、自我控制以及认知能力或学业成绩的促进效果。根据现有的研究结果来看，7~9 岁的儿童在接受该系统的训练以后，的确在工作记忆、推理和学业成绩方面有明显的提高（Thorell et al.，2009），甚至这种效果在接受训练 6 个月以后还能继续保持（Holmes et al.，2009）。除了康美德计算机工作记忆训练系统以外，还有一些其他基于计算机执行功能训练程序，如抑制控制游戏系统、任务切换游戏系统。Rueda 等人的研究表明，基于计算机的抑制控制训练游戏并不能提高 4 ~ 6 岁儿童的执行功能（Rueda et al.，2005）。然而，采用计算机任务切换游戏的训练效果比较明显，接受过该任务训练的 9 岁儿童表现出较好的认知灵活性和抑制能力（Karbach & Kray，2009）。可见，基于计算机的训练游戏比较适合工作记忆、认知灵活性等执行功能成分的训练，而不太适合抑制控制成分的训练，而且在年长儿童中所起的效果更明显。

体育活动也是儿童执行功能干预的一种方法。根据目前的研究结果来看，有氧运动练习对儿童执行功能的作用存在很大争议。早期的一些研究表明，体育运动对执行功能有很强的提升作用，而近期的一些研究则发现体育运动对执行功能的促进作用很弱，几乎不存在（Diamond，2011）。单纯的有氧体育运动对执行功能的提升很有限，但是结合传统武术（如跆拳道）的运动，或者运动结合冥想（如瑜伽）的训练效果则很明显。研究表明跆拳道的训练或瑜伽练习比单纯的体育活动更能促进 5～11 岁儿童的工作记忆和抑制控制（Lakes & Hoyt，2004）。

针对儿童执行功能或自我控制的学校课程或辅助课程干预也被认为是一种有效的途径。蒙台梭利课程和《心灵钥匙》课程是两种比较有效的课程，这两种课程有很多相似之处。它们都能帮助儿童练习执行功能，而且能根据儿童执行功能水平的变化而相应地增加难度；课程干预的好处是可以同时培养儿童的多层面的技能，避免单独练习而导致的枯燥和不适感；还可引发儿童参与的兴趣，培养他们的自信、自豪感，儿童在学习过程中可以主动参与，手把手地进行练习，相互学习等；两门课程还特别强调言语的作用，鼓励儿童相互传授，培养他们的社交技能。蒙台梭利和《心灵钥匙》课程比较适合年幼儿童，通过这些课程的实施，发现其对学前阶段的儿童的抑制控制具有一定的促进作用，但有时候会出现"天花板效应"，并且对年长儿童的效果未见报道。除了这两门课程以外，还有专门针对处境不利儿童的执行功能干预课程 PATH 和 CSRP 课程，这两门课程主要是面对学前儿童，通过对比研究，发现参与过这两门课程的儿童在学前末期的执行功能得到了很大的改善，而且在进入小学三年之后，其数学和阅读成绩也比对照组要好（Li‐Grining，Raver，& Pess，2011）。

综上所述，由于自我控制与执行功能存在很大重叠，近年来西方学者开始基于执行功能来对儿童进行干预，对于执行功能的干预不仅能提高儿童的认知功能和自我控制能力，而且干预的效果可以迁移到学业成绩、社交技能等方面。总的来看，基于执行功能的干预研究表明，儿童的执行功能可以通过干预来改善或提升。有的干预方法比较侧重于执行功能的某一方面，如基于计算机的游戏干预，要么侧重工作记忆，要么侧重认知灵活性方面，基于计算机的干预方法虽然非常有针对性，但其效果非常狭窄，只能对其所针对的执行功能成分有所助益，而很难迁移到执行功能的其他方面。课程干预方法比较全面，涉及执行功能的各个方面，其干预的效果迁移面较广，不但能提升执行功能本身，而且能促进儿童今后的学业成绩。结合心理调适的体育运动是一种比较易于开展的干预方法，一些研究证明了这种方法的有效性，但其缺点是很难控制干预的过程，相关的研究证据比较少，需要进一步的探索。尽管基于执行功能的干预方式多样，但究竟哪些方法的效果能长久保持，每种方法干预的时长以及频率如何才能最佳，这些问题目前还未有定论，需要长期的追踪研究来回答。

二、国内干预研究

长久以来，相比于西方国家的研究，国内对儿童自我控制的干预研究存在起步晚、数量少、方法手段比较单一的情况。近些年，越来越多的国内研究也开始关注儿童自我控制的干预或培养研究。干预的对象包括学前儿童、小学儿童以及青少年，干预的方法也逐渐多样化，游戏活动、课程、体育活动以及团体辅导活动等都有涉及，这说明儿童自我控制的干预研究在我国引起了越来越多的重视，研究的范围逐渐开始扩大，成果日趋丰富。

以辽宁师范大学杨丽珠教授团队为代表的研究者在学前儿童自我控制的干预研究方面做了比较系统的工作，他们提出了中国儿童自我控制的结构，针对性地编制了中国学前儿童和小学儿童的系统测量工具，并且根据中国儿童自我控制的冲动抑制性、自觉性、坚持性和延迟满足四个层面设计了教学游戏，通过操作性游戏、娱乐性游戏、运动性游戏和智力游戏有针对性地训练儿童的冲动抑制性、自觉性、坚持性和延迟满足。杨丽珠等人通过实验组对照组前后测设计对幼儿园小班、中班和大班和小学低年级、中年级和高年级儿童分别进行了现场教学干预，研究结果表明，无论是学前儿童还是小学儿童，实验班儿童的自我控制能力相比控制班儿童有非常明显的提升（杨丽珠，沈悦，2011）。这说明杨丽珠等人的教育现场游戏干预方法非常有效，是本土化研究的典范。

除了游戏活动干预之外，国内研究者也开展了课程干预方面的研究。如，湖南师范大学范晓玲教授团队采用心理健康课程的方式对小学儿童的自我控制进行了干预研究。他们采用实验组对照组前后测的设计，通过自己编制的自我控制干预课程，对小学三年级和六年级儿童进行一学期的干预，结果表明，无论是三年级儿童还是六年级儿童，实验班儿童的自我控制相比于控制班儿童有明显的提高（胡晓蓉，范晓玲，2015；孙大舒，范晓玲，2016）。李莉和缪佩君（2017）也采用课程干预的方法对 3~6 岁儿童自我控制和情绪调节进行了干预，结果表明，实验班的儿童在接受游戏课程干预后，自我控制能力有明显的提高。还有研究者对青少年的自我控制也进行了干预，如陈萍和王凤炎（2014）对初中生进行了课程和实践干预训练研究，结果发现，课程干预和随后的实践训练都可以明显提高初中生的自我控制水平。由此可见，无论是年幼儿童还是年长儿童，课程干预都是有效促进其自我控制的一种手段。

国内研究者也开始运用体育活动对儿童的自我控制进行干预。体育活动是一种适用范围比较广，而且便于开展的干预方式。我国研究者董晓涛（2018）通过蛙泳训练的方式对 8~9 岁儿童的自我控制进行了训练，他采用实验组和对照组前后测的方式，对实验组儿童进行 6 周的蛙泳训练，而对照组儿童进行正常日常活动，干预后的结果表明，实验组儿童在整体的自我控制水平，以及自觉性和坚持性两个方面都比控制组儿童有明显的进步。体育活动的干预不仅适用于青少年，也适用于学前儿童。冀永慧（2011）采用体育活动的方式对 3~4 岁学前儿童的自我控制也进行了干预，他从规则意识、自我控制策略和毅力训练三个方面着手设计了体育活动，每周进行四次训练，一共进行了 4 周的干预，最后结果表明，体育活动课能促进儿童自我控制的提高并且能够迁移到其他课堂活动中。与其他单纯的体育活动不同，其体育活动嵌入了规则意识、自控策略以及遵守规则的动机和毅力等内容，实质上是嵌入自我控制的一种体育活动。这两项研究结果说明体育运动是培养儿童自我控制能力的重要手段之一，体育活动能锻炼儿童遵守规则的意识，提升身体耐力，这些都是自我控制必不可少的方面。

对于年长儿童和青少年群体，国内的一些研究者也采用了团体心理辅导的形式进行自我控制的干预研究，并且也发现了不错的干预效果。例如，余秀丽（2017）通过团体心理辅导的方式对小学五、六年级儿童的自我控制进行了干预。他们通过团体活动互动的形式，以团体成员在相互交往过程中形成的群体动力来提高成员的自我控制能力。通过实验组和对照组前后测设计研究，结果表明，实验组在家长报告的自我控制能力上有明显的提高，而控制组则未见明显变化。还有研究者也通过团体训练的方式对未成年人犯罪群体进行了干预，实验结果表明，实验组的自我控制较控制组的自我控制得到显著提高（李君春，2005）。由此可见，通过团体互动的力量也可以提高儿童的自我控制能力，但这种研究中团体活动必须要有明确的针对性和主题，内容宽泛的团体活动并不一定有明显的效果。有很多团体心理辅导并非针对儿童的自我控制，而是针对普遍的心理健康问题，那么这种宽泛的团体活动就未必能提高儿童的自我控制。

综上所述，随着人们对儿童自我控制重要性的认识越来越深入，国内外研究者和实践者都尝试用各种方法来改善处境不利或发展滞后儿童的自我控制能力，后来逐渐把干预的方法用来提升正常儿童的自我控制能力。从现有的结果来看，国外研究者在儿童自我控制的干预研究方面起步比较早，研究数量较多，而且质量较高；我国研究者起步较晚，研究的数量和质量都还比较欠缺。西方研究者认为，基于计算机的游戏、专门课程、有氧体育训练、融合心理调适的体育活动是当前常用的干预手段，并且认为基于计算机的游戏、专门课程和融合心理调适的体育活动是得到较多证据的干预方法。我国研究者目前也采用了现场游戏活动、专门课程、体育活动以及团体心理辅导等多种干预方式，研究结果也都表明这些干预方法对儿童青少年自我控制的提高有明显的作用。但是，整体而言，我国自我控制的干预研究还很薄弱，比较缺乏实证证据，虽然对正常儿童进行了一定的干预研究，但更多的是集中在青少年阶段，缺少对早期儿童自我控制的干预，所采用的干预形式更多的是团体干预方式，而且在单项的干预研究中使用的方式方法比较单一，评估的方法也比较单一，所以获得的研究结果缺乏强有力的说服力。因此，本章将通过游戏活动干预和注意力训练干预的方式对学前儿童进行为期一个学期的干预，并通过父母评定、教师评定和实验人员评定的方式对干预效果进行多数据来源的评估，以期为我国儿童自我控制的干预研究提供强有力的实证证据，丰富和提升该领域的研究，为学校和家庭教育实践提供理论依据和实践方法。

第二节　学前儿童自我控制的干预实证研究

个体在坚持完成一件事情，调控自己的情绪，保持注意力时都会消耗大量的心理资源，也就是说人类在进行自我控制时需要耗费心理资源。这些心理资源具有领域通用性，只要我们付出意志努力的活动都会消耗心理能量。我们每执行一项自我控制，心理资源就会相应地减少，这种现象叫作自我损耗，这就是我们完成一项注意力高度集中的任务后会很容易松懈下来的原因。自我损耗过度会导致个体很容易失去自我控制。自我控制的心理资源在使用以后很快就会恢复，就好比是肌肉在体力劳动之后经过短暂休息之后能够恢复一样。对儿童自我控制干预训练的目的一方面是使其自我控制自动化或半自动化，尽量少消耗心理资源，这样可以有更多的心理资源去完成后续的任务。另一方面，通过训练提高儿童自我控制的心理资源容量，如同坚持锻炼可以提高肌肉的力量一样来提高自我控制所需的心理资源。

通过本章第一节对国内外儿童自我控制干预研究的综述可以发现，尽管国内外研究者采用了多种多样的方法对儿童自我控制进行干预，但仍然存在一些不足，尤其是国内研究还有很长的路要走。首先，在研究对象上，国外关于自我控制的干预研究相对更多的是集中在对特殊儿童的多动症和攻击性行为的干预和矫正上，而针对正常儿童自我控制的培养研究也正处于探索阶段。国内自我控制的干预研究对象也主要是以小学生、青少年居多，而对学前儿童的干预研究还比较缺乏。因此，进一步探索出一套全新有效的可以用来改善正常学前阶段儿童自我控制的干预方案显得尤为重要。其次，在研究方法上，国外关于自我控制的干预研究形式比较多样，但其中的一些方法缺乏强有力的证据来证实，其效果尚存争议，国内则更多的是通过实施主题活动或干预课程的方式来提高个体的自我控制，而比较缺乏针对自我控制核心成分的具体游戏化训练方法，加强个体在面对冲突任务行为方面的训练，将更加有利于个体在冲突任务中保持高度的集中注意，从而更有利于个体在未来面对相似情景时做出正确的反应。最后，通过该注意力训练课程可以有效地改善个体的注意水平，注意的聚焦和灵活转换是个体自我控制的核心成分，通过注意力的训练可能也是改善或提升个体自我控制的一个有效途径。

综上所述，我们在前人研究的基础上，通过冲突任务游戏和注意力训练方式来对学前儿童的自我控制进行干预训练。我们根据 Stroop 任务设计了适合学前儿童的冲突类趣味游戏，通过团体干预的方式来提高儿童的自我控制。另外，我们采用 Rueda 等人开发的基于计算机的注意力训练游戏来对儿童进行干预，以检验注意力训练是否可以提高儿童的自我控制。

一、研究目的

（1）检验冲突任务游戏训练是否能有效提高学前儿童的自我控制。

（2）检验基于计算机的注意力训练能不能有效地提高学前儿童的自我控制。

二、研究假设

假设一：通过两个月的冲突任务游戏训练，实验班儿童的自我控制比控制班儿童的自我控制有明显提升；

假设二：通过两个月的注意力游戏训练，实验班儿童的自我控制相比控制班儿童的自我控制有明显提升。

三、研究程序

对早期儿童自我控制的干预，应当包含更多的抑制控制的干预，抑制控制是个体用来克制冲动的，在面对任务或冲突情境时发挥作用。通过冲突游戏任务的训练，能显著激活个体注意控制相关的脑功能区域，促进个体对当前任务的集中注意，控制个体内心对优势反应的冲动，从而增加对自己行为的控制。应当对儿童的注意力进行训练，注意机制的成熟是自我控制发生和发展的重要基础。个体在对自己的行为进行控制时，需要执行注意的参与来保持对刺激和反应的足够控制。在训练注意力方面，Rueda

等人开发了一套注意力控制课程，又称为注意力技巧训练方案，这些训练方法已被证实在西方儿童群体中可以改变大脑的活动状态。通过有目的的注意力训练，的确可以使个体的前扣带回和前额叶变得更加成熟，提高儿童的注意力（Rueda，Posner，& Rothbart，2005）。

本研究中，我们根据 Stroop 冲突任务设计了 6 种冲突类游戏，通过前期对幼儿园教师的访谈和小范围的预实验对游戏进行了调整，以更适合团体活动。在注意力训练方面，本研究采用了 Rueda 等人开发的注意力游戏训练系统。

（一）干预研究实验设计

本研究采用前测后测实验设计，其实验设计的基本模式见表 6 – 1。

表 6 – 1　干预研究实验设计

组别	前测	干预方式	干预形式	后测
实验组 1	O1	冲突类游戏	团体	O2
实验组 2	O3	注意力训练	个体	O4
控制组	O5	—	—	O6

（二）研究对象

在干预研究中，我们从南京市随机选取了两所幼儿园的中班儿童，两所实验幼儿园分别被命名为 A 园和 B 园，每个实验园分别有三个平行的中班儿童参与了干预研究。A 园的实验班一儿童为 30 人（$M_{年龄}$ = 57.12 个月，SD = 0.89 个月），其中男生 15 人，女生 15 人；实验班二儿童为 27 人（$M_{年龄}$ = 54.96 个月，SD = 0.78 个月），其中男生 12 人，女生 15 人；控制班儿童为 25 人（$M_{年龄}$ = 55.70 个月，SD = 0.75 个月），其中男生 17 人，女生 8 人。B 园实验班一儿童为 28 人（$M_{年龄}$ = 56.48 个月，SD = 0.99 个月），其中男生 20 人，女生 8 人；实验班二儿童为 27 人（$M_{年龄}$ = 54.36 个月，SD = 0.69 个月），其中男生 19 人，女生 8 人；控制班儿童为 28 人（$M_{年龄}$ = 56.14 个月，SD = 0.67 个月），其中男生 18 人，女生 10 人。

（三）研究工具与测查任务

简版自我控制量表（Brief Self – Control Scale，B – SCS）。该量表由 Tangney 及其合作者（Tangney，Baumeister，& Boone，2004）编制。采用 Likert 式 5 点记分，从 1 到 5 表示"完全不符合"到"完全符合"。在此量表上得分越高，表示自我控制能力越好。对儿童自我控制干预的前后测工具同研究一。在本研究前测中，由母亲报告的问卷整体内部一致性 Cronbach α 系数为 0.63，由父亲报告的问卷整体内部一致性 Cronbach α 系数为 0.64，由教师报告的问卷整体内部一致性 Cronbach α 系数为 0.82。在本研究后测中，由母亲报告的问卷整体内部一致性 Cronbach α 系数为 0.68，由父亲报告的问卷整体内部一致性 Cronbach α 系数为 0.63，由教师报告的问卷整体内部一致性 Cronbach α 系数为 0.80。这说明该量表在本研究中的信度较好。

日夜任务。该任务全程通过幻灯片呈现的方式呈现给儿童。任务共分成两个部分，包括练习与正式测试。在练习任务中，当幻灯片中出现"太阳"的图片时，儿童需要回答"早上"，当幻灯片中出现"月亮"的图片时，儿童需要回答"晚上"；随后，儿童需要反过来回答，即当幻灯片中出现"太阳"的图片时，儿童需要回答"晚上"，当幻灯片中出现"月亮"的图片时，儿童需要回答"早上"。当儿童完全明白任务的规则后，开始正式测试，测试内容与第二部分相同，即当幻灯片中出现"太阳"的图片时，儿童需要回答"晚上"，当幻灯片中出现"月亮"的图片时，儿童需要回答"早上"。这里要写清楚当儿童连续出现几次错误后停止测试。将儿童的成绩记录在事先准备的记录单上。每个部分共 20 组图片，采用 ABBA 拉丁方设计呈现。

头脚膝肩任务。全程通过主试与儿童互动的方式来进行任务。任务共分成三个部分，分别是头脚任务、膝肩任务和头脚膝肩混合任务，每个部分都包括练习和测试环节。在头脚任务中，当主试说"摸摸你的头"时，儿童需要去摸摸他的头，当主试说"摸摸你的脚"时，儿童需要去摸摸他的脚，接着儿童需要做与主试所说相反的动作，即当主试说"摸摸你的头"时，儿童需要去摸摸他的脚，当主试说"摸摸你的脚时"，儿童需要去摸摸他的头，在正式测试环节，记录儿童的成绩。在膝肩任务中，当主试说"摸摸你的肩膀"时，儿童需要去摸摸他的肩膀，当主试说"摸摸你的膝盖"时，儿童需要去摸摸他的膝盖，接着儿童需要做与主试所说相反的动作，即当主试说"摸摸你的肩膀"时，儿童需要去摸摸他的膝盖，当主试说"摸摸你的膝盖"时，儿童需要去摸摸他的肩膀，在该任务中还会执行部分头脚任务，在正式测试环节记录儿童的成绩。在头脚膝肩混合任务中，当主试说"摸摸你的头"时，儿童需要去摸摸他的膝盖，当主试说"摸摸你的膝盖"时，儿童需要去摸摸他的头，当主试说"摸摸你的肩膀"时，儿童需要去摸摸他的脚，当主试说"摸摸你的脚"时，儿童需要去摸摸他的肩膀，在正式测试环节记录儿童的成绩。每个部分共 20 组动作，采用 ABBA 拉丁方设计呈现。

（四）干预步骤

首先，在干预之前，对实验班和控制班进行了前测，前测内容包括日夜任务和头脚膝肩任务。其次，对前测结果进行了自我控制的差异检验，分别从 A 园和 B 园中选择三个平行班，分别命名为 A 园实验班一、实验班二、控制班，B 园实验班一、实验班二、控制班。对 A 园的实验班一采用注意力训练，实验班二采用行为训练；对 B 园的实验班一采用行为训练，对实验班二采用注意力训练，两个园的控制班均保持正常教学。在正式干预训练之前，对两个实验班的主班教师进行了为期一周共 5 次的培训，直到主班教师能够熟悉地按照实验任务的指导语进行操作。具体步骤如下。

第一阶段：预测试。随机抽取两所幼儿园中的部分儿童进行前测验，前测验任务为日夜任务和头脚膝肩任务。

第二阶段：前测。在同一周内对 A 园的实验班一、实验班二和控制班，B 园的实验班一、实验班二和控制班的儿童进行前测，前测任务包括日夜任务和头脚膝肩任务，将收集到的两个任务数据合并求平均作为前测结果。

第三阶段：实施干预。考虑干预的可操作性，由研究人员培训各实验班的班主任教师，分别进行冲突类游戏训练和注意力训练，主试在训练的过程中进行指导与监督，各实验组的干预时间为 10 周，每周 5 次，每天 1 次，每次维持在 15 分钟左右，控制组不开展任何干预课程，依旧按照幼儿园原有课程进行正常教学。

第四阶段：后测。在干预训练结束一周后，对控制组和实验组同时进行后测，测验内容同前测。

（五）具体干预方案

（1）冲突类游戏。

草雪游戏。该游戏属于认知冲突抑制类游戏，全程通过幻灯片呈现的方式来进行任务。游戏任务共分成两个部分，在第一个部分中，当幻灯片中出现"草地"的图片时，儿童需要回答"绿色"，当幻灯片中出现"雪景"的图片时，儿童需要回答"白色"；在第二个部分中，儿童需要反过来回答，即当幻灯片中出现"草地"的图片时，儿童需要回答"白色"，当幻灯片中出现"雪景"的图片时，儿童需要回答"绿色"。每个部分共 20 组图片，采用 ABBA 拉丁方设计呈现。

苹果香蕉游戏。该游戏亦属于认知冲突抑制类游戏，全程通过幻灯片呈现的方式来进行任务。游戏任务共分成两个部分，在第一个部分中，当幻灯片中出现"苹果"的图片时，儿童需要回答"红色"，当幻灯片中出现"香蕉"的图片时，儿童需要回答"黄色"；在第二个部分中，儿童需要反过来回答，即当幻灯片中出现"苹果"的图片时，儿童需要回答"黄色"，当幻灯片中出现"香蕉"的图片时，儿童需要回答"红色"。每个部分共 20 组图片，采用 ABBA 拉丁方设计呈现。

红绿灯游戏。该游戏属于动作抑制类游戏，全程通过 PPT 呈现和行为的方式来进行任务。游戏任务共分成两个部分，在第一个部分中，当幻灯片中出现"红灯"的图片时，儿童需要停在原地不动，当幻灯片中出现"绿灯"的图片时，儿童需要向前走一步；在第二个部分中，儿童需要反过来进行，即当幻灯片中出现"红灯"的图片时，儿童需要向前走一步，当幻灯片中出现"绿灯"的图片时，儿童需要停在原地不动。每个部分共

20 组图片，采用 ABBA 拉丁方设计呈现。

伸手握拳游戏。该游戏也属于动作抑制类游戏。全程通过教师与儿童互动的方式来进行任务。游戏任务共分成两个部分，在第一个部分中，当教师说"伸出我的手"，同时做出伸出手的动作，随即儿童需要做出相同的动作，同时说"伸出我的手"。接着当教师说"握住我的手"，同时做出握住手的动作，随即儿童需要做出相同的动作，同时说"握住我的手"；在第二个部分中，儿童的回答需要和教师相反，同时做出相反的动作，当教师说"伸出我的手"，同时做出握住手的动作，随即儿童需要做出相反的动作，即做伸出手的动作，同时说"握住我的手"，接着当教师说"握住我的手"，同时做出伸出手的动作，随即儿童需要做出相反的动作，即做握住手的动作，同时说"伸出我的手"。每个部分共 20 组动作，采用 ABBA 拉丁方设计呈现。

说馒头游戏。该游戏也属于动作抑制类游戏。全程通过教师与儿童互动的方式来进行任务。游戏任务共分成两个部分，在第一个部分中，教师说"一个馒头"，同时做出一个馒头的动作，随即儿童需要做出相同的动作，同时说"一个馒头"，接着当教师说"两个馒头"，同时做出两个馒头的动作，随即儿童需要做出相同的动作，同时说"两个馒头"；在第二个部分中，儿童的回答需要和教师相反，同时做出相反的动作，当教师说"一个馒头"，同时做出两个馒头的动作，随即儿童需要做出相反的动作，即做一个馒头的动作，同时说"两个馒头"，接着当教师说"两个馒头"，同时做出一个馒头的动作，随即儿童需要做出相反的动作，即做两个馒头的动作，同时说"一个馒头"。每个部分共 20 组动作，采用 ABBA 拉丁方设计呈现。

大西瓜小西瓜游戏。该游戏也属于动作抑制类游戏。全程通过教师与儿童互动的方式来进行任务。游戏任务共分成两个部分，在第一个部分中，当教师说"大西瓜"，同时做出大西瓜的动作，随即儿童需要做出相同的动作，同时说"大西瓜"，接着当教师说"小西瓜"，同时做出小西瓜的动作，随即儿童需要做出相同的动作，同时说"小西瓜"；在第二个部分中，儿童的回答需要和教师相反，同时做出相反的动作，当教师说"大西瓜"，同时做出小西瓜的动作，随即儿童需要做出相反的动作，即做大西瓜的动作，同时说"小西瓜"，接着当教师说"小西瓜"，同时做出大西瓜的动作，随即儿童需要做出相反的动作，即做小西瓜的动作，同时说"大西瓜"。每个部分共 20 组动作，采用 ABBA 拉丁方设计呈现。

（2）基于计算机的注意力游戏。

边界游戏。在这个游戏中，主试需要教会儿童通过控制手柄来控制一只活泼可爱的猫。目的是将猫移动到位于屏幕边缘的草地上。在后面级数越来越高的游戏中，将会有更多的草地被泥巴覆盖。但是猫只喜欢在草地上玩耍，而不喜欢待在泥泞的地方。所以孩子们必须将猫移动到草地上，而不是泥巴上。如果能够顺利地将猫移动到草地上，那么它会很开心并会跳着舞。将猫移动到了泥巴上或者是在限制的时间内没有顺利将猫移动到草地上，表示任务没有完成，此时猫就会皱着眉头。边界游戏共有 7 个等级，如果能够连续完成 3 次正确的任务，任务就会升级到下一级。

追逐游戏。在这个游戏中，儿童还是需要通过手柄控制一只猫。一把粉红色的雨伞会在屏幕上四处游动，孩子们的目的就是要移动猫去抓住这把雨伞，在每次任务的限制时间内，将猫移动到雨伞的地方。（直到孩子开始操作手柄，任务才开始。）在后面更高的等级中，雨伞的移动速度会越来越快。追逐游戏共有 7 个等级，如果能够连续完成 3 次正确的任务，任务就会升级到下一级。

迷津游戏。在这个游戏中，孩子需要操作手柄来控制猫，让其在有限的时间里穿过迷宫找到属于猫的食物。迷宫里包括一些黑线，这些黑线是猫不能够穿过的。（当猫碰到黑线时，并不意味着游戏结束，这些线仅仅是猫在移动方向时所设置的障碍。）在后面更高等级中，迷宫将会变得越来越复杂。迷津游戏共有 7 个等级，如果能够连续完成 3 次正确的任务，任务就会升级到下一级。

数字游戏。该游戏的主要目的是训练儿童的工作记忆。在每次的试验中，儿童需要通过操作手柄来点击位于屏幕中心的棕色的箱子。这时箱子将会出现预先设定的一些数量的水果，但仅仅呈现一段时间。在箱子中的水果消失后，又会重新出现两组水果。孩子的目标是点击那堆与之前出现数量相同的水果。在后面高的等级游戏中，两堆水果的数量会越来越相似

（例如 6 个苹果对 5 个苹果，而不再是 6 个苹果对 1 个苹果），同时出现的水果不一定总是只包含一种类型的。最困难的试验是，正确数量的那组（水果的数目是相同的）但是与原来不同的一种水果类型，同时不正确的那堆却是和原来同种类型的水果。数字游戏共有 6 个等级，如果能够连续完成 3 次正确的任务，任务就会升级到下一级。

Stroop 游戏。这个游戏会涉及一系列物品。在每次试验开始前，孩子需要点击绿色的箱子。将会出现两类数量不同的物品，孩子的目标是需要去点击那个数量多的物品。在最初级阶段，物品可能仅仅是包含水果。在后面高级的任务中，物品就会包括一些数字，孩子们需要忽略数字本身值的大小，而只去选择那个物品数目多的（例如选择包含 6 个 2 的而不是选择包含 3 个 9 的，即使数字 9 具有更高的数值）。Stroop 游戏共有 6 个等级，如果能够连续完成 3 次正确的任务，任务就会升级到下一级。

农场游戏。在这个游戏中，孩子需要将羊放在围栏中，而将狼放出来，在每个试验中，孩子需要通过手柄来点击屏幕上的黄色的箱子。随后箱子便会打开，一只羊或者狼就会出现。当羊出现的时候，孩子需要再按一次手柄上的按钮将羊放进围栏里。当狼出现的时候，孩子需要控制自己不去按手柄上的按钮（目的是把狼放在围栏外面）。在后面更高级的任务中，狼可能会假扮成羊的模样，使它看起来很像羊。农场游戏共有 6 个等级。6 个试验中至少包含一个狼的试验，必须成功地完成一组才会开始下一个等级。

（六）数据统计分析

所有数据采用 SPSS 22.0 和 Excel 2010 统计软件进行分析，主要采用配对样本 t 检验、单因素方差分析等方法。

四、研究结果

（一）问卷评估结果

为了考察自我控制的干预效果，我们分别对两所实验园的实验班与控制班进行了比较分析。首先，对实验园 A 的两个实验班与一个控制班进行了自我控制的前测同质性检验，单因素方差分析的结果表明，无论是母亲报告（$F_{(2,77)} = 0.68$，$p > 0.05$，$\eta^2 = 0.02$）、父亲报告（$F_{(2,76)} = 0.58$，$p > 0.05$，$\eta^2 = 0.02$），还是教师报告（$F_{(2,84)} = 1.54$，$p > 0.05$，$\eta^2 = 0.04$）的儿童自我控制，两个实验班与控制班在自我控制的前测中均不存在显著差异，说明在干预之前，三个班儿童的自我控制水平同质。

随后分别对实验班一、实验班二和控制班的学前儿童问卷的前后测结果进行配对样本 t 检验，结果分别见表 6-2、表 6-3 和表 6-4。据表 6-2 显示，在母亲报告的数据中，实验班一自我控制后测的平均得分显著高于前测的平均得分（$t_{(27)} = -2.38$，$p < 0.05$），实验班二自我控制后测的平均得分显著高于前测的平均得分（$t_{(26)} = -2.75$，$p < 0.05$）；控制班自我控制前测问卷平均得分与后测平均得分之间的差异不显著（$t_{(24)} = -0.65$，$p > 0.05$）。这些结果说明，无论是冲突类游戏干预，还是基于计算机的注意力干预，在母亲问卷评定的自我控制得分上都有明显的提高，而未经过训练干预的儿童自我控制则无明显变化。这表明两种干预的方法都能提升学前儿童的自我控制水平。

表 6-2 实验园 A 干预效果的问卷评估结果（母亲报告）

组别	前测		后测		t
	M	SD	M	SD	
实验班一	3.86	0.48	4.07	0.51	-2.38 **
实验班二	4.00	0.40	4.23	0.51	-2.75 **
控制班	3.96	0.50	3.99	0.42	-0.65

同样，对父亲报告的数据进行统计分析，结果见表 6-3。由表 6-3 可知，在父亲报告的数据中，实验班一自我控制后测的平均得分显著高于前测的平均得分（$t_{(27)} = -2.80$，$p < 0.05$），实验班二自我控制后测的平均得分显著高于前测的平均得分（$t_{(26)} = -3.07$，$p < 0.05$）；控制班自我控制前测问卷平均得分与后测平均得分之间的差异不显著（$t_{(23)} = -0.46$，$p > 0.05$）。这些结果说明，无论是经过冲突类游戏训练，还是基于计算机的注意力游戏训练，在父亲通过问卷评定的儿童自我控制得分均得到了明

显的提高，而未经过训练干预的儿童自我控制则无明显变化。

表 6 – 3　A 园实验组与干预组自我控制问卷情况的描述统计（父亲报告）

组别	前测		后测		t
	M	SD	M	SD	
实验班一	3.66	0.40	3.90	0.47	− 2.80 **
实验班二	3.80	0.57	4.09	0.46	− 3.07 **
控制班	3.74	0.45	3.80	0.53	− 0.46

据表 6 – 4 显示，在教师问卷调查数据中，实验班一自我控制后测的平均得分显著高于前测的平均得分（$t_{(29)} = -6.24$，$p < 0.001$），实验班二自我控制后测的平均得分显著高于前测的平均得分（$t_{(27)} = -9.25$，$p < 0.001$）；控制班自我控制前测问卷平均得分与后测平均得分之间的差异不显著（$t_{(28)} = -1.59$，$p > 0.05$）。这些结果说明，无论是经过冲突类任务游戏的训练，还是基于计算机的注意力游戏训练，在教师通过问卷评定的儿童自我控制得分均得到了明显的提高，而未经过训练干预的儿童自我控制则无明显变化。

表 6 – 4　A 园实验组与干预组自我控制问卷情况的描述统计（教师报告）

组别	前测		后测		t
	M	SD	M	SD	
实验班一	3.14	0.46	3.69	0.27	− 6.24 ***
实验二	3.33	0.51	4.14	0.48	− 9.25 ***
控制班	3.31	0.37	3.45	0.37	− 1.59

同样，我们也对实验园 B 的数据进行了统计分析。首先，对实验园 B 的实验班与控制班进行了问卷调查的前测同质性检验，单因素方差分析的结果表明，无论是母亲报告（$F_{(2,85)} = 1.47$，$p > 0.05$，$\eta^2 = 0.03$）、父亲报告（$F_{(2,83)} = 0.92$，$p > 0.05$，$\eta^2 = 0.02$），还是教师报告（$F_{(2,90)} = 1.66$，$p > 0.05$，$\eta^2 = 0.04$）的儿童自我控制，实验班一、实验班二与控制班在自我控制问卷调查的前测中不存在显著差异，说明在干预之前，三个班儿童的自我控制水平无明显差异。

随后对实验 B 园的实验班一、实验班二和控制班的学前儿童问卷的前后测结果进行配对样本 t 检验，结果分别见表 6-5、表 6-6、表 6-7。据表 6-5 显示，在母亲报告的数据中，实验班一自我控制后测的平均得分显著高于前测的平均得分（$t_{(30)} = -2.43$，$p < 0.05$），实验班二自我控制后测的平均得分显著高于前测的平均得分（$t_{(28)} = -2.49$，$p < 0.05$）；控制班自我控制前测问卷平均得分与后测平均得分之间的差异不显著（$t_{(27)} = -0.64$，$p > 0.05$）。这些结果说明，无论是经过冲突类游戏训练还是注意力训练，母亲问卷评定的自我控制得分有明显的提升，而未经过训练干预的儿童的自我控制则无明显变化。这说明两种干预方法在实验 B 园也获得了良好的效果。

表 6-5　B 园实验组与干预组自我控制问卷情况的描述统计（母亲报告）

组别	前测		后测		t
	M	SD	M	SD	
实验班一	3.90	0.48	4.12	0.41	-2.43 **
实验班二	3.92	0.50	4.09	0.49	-2.49 **
控制班	4.12	0.67	4.16	0.61	-0.64

由表 6-6 可知，在父亲报告的问卷数据中，实验班一自我控制后测的平均得分显著高于前测的平均得分（$t_{(30)} = -2.33$，$p < 0.05$），实验班二自我控制后测的平均得分显著高于前测的平均得分（$t_{(28)} = -2.40$，$p < 0.05$）；控制班自我控制前测问卷平均得分与后测平均得分之间的差异不显著（$t_{(25)} = -1.96$，$p > 0.05$）。这些结果说明，无论是经过冲突类游戏干预，还是基于计算机的注意力游戏干预，在父亲评定的儿童自我控制得分上有明显的提高，而未经过训练干预的儿童的自我控制则无明显变化。

表 6-6　B 园实验组与干预组自我控制问卷情况的描述统计（父亲报告）

组别	前测		后测		t
	M	SD	M	SD	
实验班一	3.84	0.51	4.09	0.51	-2.33 **
实验班二	3.70	0.54	3.95	0.55	-2.40 **
控制班	3.68	0.44	3.85	0.38	-1.96

表 6 -7 显示，在教师问卷评定的数据中，儿童自我控制前测后测得分存在显著性差异，实验班一自我控制后测的平均得分显著高于前测的平均得分（$t_{(31)} = -6.30$，$p < 0.001$），实验班二自我控制后测的平均得分显著高于前测的平均得分（$t_{(29)} = -7.78$，$p < 0.001$）；控制班自我控制前测问卷平均得分与后测平均得分之间的差异不显著（$t_{(30)} = -0.68$，$p > 0.05$）。这些结果说明，无论是经过冲突类任务游戏干预，还是基于计算机的注意力游戏干预，在教师问卷评定的儿童自我控制得分上有明显的变化，而未经过训练干预的儿童的自我控制则无明显变化。

表 6 -7 B 园实验组与干预组自我控制问卷情况的描述统计 （教师报告）

组别	前测		后测		t
	M	SD	M	SD	
实验班一	3.19	0.62	3.89	0.81	-6.30 ***
实验班二	3.14	0.52	3.86	0.65	-7.78 ***
控制班	3.39	0.59	3.47	0.65	-0.68

综上所述，运用冲突类任务游戏和基于计算机的注意力游戏两种干预方法对两个实验园实验班的干预效果来看，无论是母亲报告、父亲报告还是教师报告的数据都分别表明四个实验班干预后的自我控制的得分要显著高于干预前的得分，这说明两种干预方法对学前儿童的自我控制具有促进作用，多信息来源的数据都印证了这一点。

（二）Stroop 任务评估结果

为了进一步分析冲突类任务游戏与基于计算机的注意力游戏干预效果，我们分别对两所实验园的实验班与控制班自我控制的 Stroop 任务评估结果进行统计分析。首先，对实验园 A 的实验班与控制班进行了 Stroop 任务的前测同质性检验，单因素方差分析的结果表明，三组被试在前测 Stroop 任务得分上并不存在显著性差异（$F_{(2,78)} = 1.55$，$p > 0.05$，$\eta^2 = 0.04$），说明在干预之前，三个班儿童在自我控制的 Stroop 任务没有明显差异。在实施干预后，再次进行单因素方差分析时发现，实验班与控制班的自我控制存在显著性差异（$F_{(2,78)} = 6.84$，$p < 0.05$，$\eta^2 = 0.15$），后通过事后多重比较得到，实验班一和控制班的自我控制之间，实验班二和控制班的自我控制之间都存在显著的差异。

　　为了进一步证实该差异是干预的效果还是被试自然成熟所致，随后对两个实验园的实验班一、实验班二和控制班的学前儿童自我控制 Stroop 任务的前后测结果进行配对样本 t 检验，结果见表 6－8。

表 6－8　实验园 A 干预效果的行为任务评估结果

	前测		后测		t
	M	SD	M	SD	
实验班一	1.56	0.27	1.67	0.23	－2.44 **
实验班二	1.42	0.36	1.69	0.23	－4.17 ***
控制班	1.45	0.26	1.49	0.21	－0.63

　　由表 6－8 可知，在实验园 A 中，实验班一儿童自我控制的前后测结果（$t_{(29)} = -2.44$，$p < 0.05$）与实验班二儿童自我控制的前后测结果（$t_{(25)} = -4.17$，$p < 0.001$）都发生了显著性变化，后测分数显著高于前测分数。控制班儿童自我控制的前后测分数则没有发生显著性变化（$t_{(24)} = -0.63$，$p > 0.05$）。这说明通过冲突类任务游戏和注意力游戏干预的两个班儿童的自我控制有了明显的提升，而正常教学活动或个体的自然成长的控制班儿童的自我控制则前后没有明显的变化，说明相对于专门的干预训练来说，正常教学活动和个体的自然成长对学前儿童的自我控制水平并未产生显著的影响。由此可见，专门的干预训练的确能提高儿童的自我控制。

　　同样，我们也对实验园 B 的数据进行了统计分析。首先，对实验园 B 的实验班与控制班进行了 Stroop 任务的前测同质性检验，单因素方差分析的结果表明，三组被试在前测任务得分上并不存在显著性差异（$F_{(2,80)} = 2.64$，$p > 0.05$，$\eta^2 = 0.06$）。这说明在干预之前，实验园 B 中三个班儿童的自我控制水平无明显差异。在实施干预后，再次进行单因素方差分析时发现，实验班与控制班的自我控制者之间存在显著性差异（$F_{(2,80)} = 6.53$，$p < 0.05$，$\eta^2 = 0.14$）。通过事后多重比较分析发现，实验班一和控制班儿

童的自我控制之间，实验班二和控制班儿童的自我控制之间都存在显著的差异。为了进一步证实该差异是干预的效果还是被试自然成长所致，随后对实验班一、实验班二和控制班的学前儿童自我控制 Stroop 任务的前后测结果进行配对样本 t 检验，结果见表 6-9。据表 6-9 显示，实验班一儿童的自我控制前后测之间（$t_{(27)} = -2.28$，$p < 0.05$）与实验班二儿童的自我控制前后测之间（$t_{(26)} = -5.45$，$p < 0.001$）都发生了显著性变化，而控制班儿童的自我控制前后测之间则没有发生显著性变化（$t_{(27)} = -0.95$，$p > 0.05$）。这些结果说明正常教学活动和个体的自然成长没有对学前儿童的自我控制水平产生显著影响，同时表明冲突类任务游戏和基于计算机的注意力游戏的干预训练对儿童的自我控制具有良好的提升作用，是两种有效的干预方法。

表 6-9　实验园 B 干预效果的行为任务评估结果

	前测		后测		t
	M	SD	M	SD	
实验班一	1.51	0.06	1.64	0.05	-2.28 **
实验班二	1.31	0.33	1.62	0.24	-5.45 ***
控制班	1.34	0.37	1.41	0.29	-0.95

综合来看，学前儿童自我控制干预研究的前测后测问卷数据和 Stroop 任务测查数据的分析结果表明，无论是来自父母的数据，还是教师的数据，都表明本研究所选取的两个园的实验班儿童在训练后自我控制得到了明显的提升。通过两个月的行为控制训练和注意力训练，相比控制班儿童，实验班儿童的自我控制得到明显提升，而控制班儿童的自我控制则无明显变化。这说明本研究所设计的两种干预方案都能有效地提高正常学前儿童的自我控制。

五、讨论与分析

本研究分别采用冲突类任务游戏与基于计算机的注意力游戏干预方法对正常学前儿童进行了为期两个月的干预训练，旨在检验两种方法是否能够有效提高儿童的自我控制。在干预前后，本研究分别采用多数据来源

（父亲、母亲和教师）的问卷评估与 Stroop 行为任务评估，目的在于运用会聚效度来验证干预效果的有效性。

研究结果表明，无论是多信息源的问卷评估，还是 Stroop 行为任务评估，两个幼儿园的实验班儿童在经过两个月的训练后，儿童的自我控制有了非常明显的提升，而控制班儿童的自我控制则无明显变化。这说明本研究采用的两种干预方案都能有效地提高正常学前儿童的自我控制，验证了本研究的假设。

本研究发现，通过类似冲突类任务游戏的训练可以有效地提高学前儿童的自我控制，前人类似的研究结果也证实了这一点（Gerstadt，Hong，Diamond，1994；Melara & Algom，2003），有所区别的是，前人采用的任务相对比较简单，并且设计的游戏数量也偏少，评估方法相对比较单一。个体应对冲突情境或冲突任务的能力是自我控制的重要体现，在冲突任务中，个体要抑制本能或优势的反应，快速地切换到非优势的反应中，并且要执行非优势的行为反应。这种应对冲突的抑制和切换能力通过练习可以提升，使得个体抑制冲动和执行劣势反应时达到自动化或半自动化水平，减少心理资源的消耗，以便有更多的资源用于其他活动。Stroop 效应的建构理论认为，在选择注意中，基于记忆的两个结构——维度的不平衡性和维度的不确定性引导注意选择那些在刺激维度内或者附近的那些显眼的、奇怪的，或者与任务相关的信息进行加工。维度的不平衡性和维度的不确定性对目标刺激的组织、对分心物抑制的组合进行调节，同时也会对早先刺激的记忆进行调节（Melara & Algom，2003）。在 Stroop 任务中，个体需要对一个刺激做出反应而忽视另一个刺激，所以个体会本能地执行自身的优势反应，但当要求个体忽视本能反应，执行劣势反应时，个体便会产生抑制冲突，在这种情境下，个体付出更多的意志努力和注意来参与当前的任务（Gerstadt，Hong，Diamond，1994）。因此，通过类似的 Stroop 冲突任务训练，一方面，可以有效地帮助个体提高抑制本能优势反应的冲动，另一方面，还可以帮助个体提高对于当前任务的注意集中，从而将更多的精力聚焦在当前需要执行的反应上，忽视本能优势反应对冲突反应的影响，从而提高个体的自我控制。

然而，本研究通过基于计算机的注意力游戏训练所得出的结果与 Rue-da 等人的研究结果并不一致（Rueda et al.，2005）。Rueda 等人的研究发现，在对 4～6 岁儿童进行为期 5 天他们开发的注意力训练程序后，儿童的注意水平得到了有效提高，但对于提高儿童自我控制的结果并不显著，但我们的研究发现，在经过两个月的注意力训练后，儿童的自我控制能力得到明显的提升。我们认为，通过注意力训练提高了学前儿童的自我控制，原因可能在于以下几个方面：首先，前额皮层是人类高级思维活动、行为控制和执行功能的神经中枢区域，通过对学前儿童进行注意力方面的训练，有效地促进了他们前扣带回和前额叶的发展，这为个体提高自我控制提供了生理条件（Vijayakumar，Whittle，Dennison，Yücel，Simmons，& Allen，2014）。其次，在训练的时间上，Rueda 等人只进行了为期 5 天的训练，我们的训练持续两个月，训练时间的延长也为训练效果在个体未来的行为表现中发挥作用提供了可能。再次，在训练任务上，Rueda 等人原有的实验任务共有 12 个，而我们的研究则根据一线教师的建议，结合实际情况，选择更加能够符合现阶段学前儿童认知特点的 6 个任务进行集中训练，这样可能更有针对性，专门针对与自我控制密切相关的注意力成分进行训练，有助于提高儿童的自我控制。最后，在训练的主试上，Rueda 等人的训练主试是实验人员，而我们的主试是儿童熟悉的教师。这可能使儿童更容易将注意集中在当前的游戏上，而不受外在环境因素的影响，从而达到良好的训练效果。

我们认为，两种干预方案之所以都有效地提高了正常学前儿童的自我控制，其原因是多方面的：首先，本次研究所设计的方案是符合当前儿童个体发展水平的，这保证了在训练之后，孩子们能够很好地记住和掌握规则来控制自己的冲动，从而提高了自我控制水平；其次，由于训练的实际主试是孩子们非常熟悉的主班教师，因此孩子们在训练的时候也将更加配合，此外，在正式的干预训练之前，我们对主班教师进行了多次培训，当主班教师进行正式训练的时候便更了解应当采取一种什么样的形式呈现给孩子们，以便达到训练的效果；再次，由于现阶段的孩子对于采取游戏的方式进行训练更容易接受和学习，因此他们在训练的过程中能充分感受到乐趣，从而更愿意坚持不断地训练。正是基于以上原因，实验班儿童的自我控制水平与干预前相比才有了显著的变化，而控制班只是参加日常正常的教学活动，其表现并没有发生变化。这也说明通过干预的方式提高正常学前儿童的自我控制是有效的、可行的。

尽管本研究取得了一些有意义的结果，但也存在一定的局限性。自我控制是心理能动性的重要表现，它是多维度的心理活动系统。在有限的时间内，对它进行干预并非易事。首先，在干预时间上，本研究只进行了两个月便取得了良好的训练效果，但在干预训练只间隔了一周就进行后测，不能说明干预效果的持久性，或者说干预效果是否可以长时间保持不得而知，因此后续研究应该间隔较长的时间进行后测，以检验干预效果。其次，在干预对象和干预任务上，本研究只对学前的中班儿童进行了干预训练，仅仅证实了本研究所设计的两种干预方案对于中班儿童是适宜的，但该方案的有效性能否顺利地迁移到其他学前阶段的儿童中，还有待进一步的验证。最后，多种数据结果表明，通过注意力游戏训练和冲突类行为游戏训练的方式来提高学前儿童的自我控制，是未来研究的一个切入口。如果在此基础上能够设计出分别符合男生和女生的专门训练方案，则研究结果将更有价值。

六、研究结论

（1）认知或行为冲突类游戏训练可以有效地提高学前儿童的自我控制能力。

（2）基于计算机的注意力游戏训练能够有效提高学前儿童的自我控制能力。

本章参考文献

[1] Meichenbaum, D. (1977). Cognitive – Behavior Modification: An Integrative Approach. New York: Plenum.

[2] Meichenbaum, D. & Goodman, J. (1971). Training impulsive children to talk to themselves: a means of developing self – control. *Journal of Abnormal Psychology*, 77

(2)：115 - 126.

[3] Camp, B. W. , Blom, G. E. , Hebert, F. , & Doorninck, W. J. V. (1977). "think aloud"：a program for developing self - control in young aggressive boys. *Journal of Abnormal Child Psychology*, 5 (2)：157 - 169.

[4] Ronen, T. (2004). Imparting self - control skills to decrease aggressive behavior in a 12 - year - old boy a case study. *Journal of social work*, 4 (3), 269 - 288.

[5] Bergin, C. , Bergin, D. A. (1999). Classroom discipline that promotes self - control. *Journal of Applied Developmental Psychology*, 20 (2), 189 - 206.

[6] Davis, C. L. , Tomporowski, P. D. , McDowell, J. E. , Austin, B. P. , Miller, P. H. , Yanasak, N. E. , et al. (2011). Exercise improves executive function and achievement and alters brain activation in overweight children：a randomized, controlled trial. *Health Psychology.* 30 (1), 91 - 98.

[7] Mischel, W. , Shoda, Y. , Rodriguez, M. L. (1989). Delay of gratification in children. *Science*, 244 (4907), 933 - 938.

[8] Flook, L. , Smalley, S. L. , Kitil, M. J. , Galla, B. M. , Kaiser - Greenland, S. , Locke, J. , et al. (2010). Effects of mindful awareness practices on executive functions in elementary school children. *Journal of Applied of School Psychology*, 26 (1), 70 - 95.

[9] Manjunath, N. K. , & Telles, S. (2001). Improved performance in the tower of London test following yoga. *Indian Journal of Physiology & Pharmacology*, 45 (3), 351 - 354.

[10] Riggs, N. R. , Greenberg, M. T. , Kusché, C. A. , & Pentz, M. A. (2006). The mediational role of neurocognition in the behavioral outcomes of a social - emotional prevention program in elementary school students：Effects of the paths curriculum. *Prevention Science*, 7 (1), 91 - 102.

[11] Raver, C. C. , Jones, S. M. , Li - Grining, C. , Zhai, F. , Bub, K. , and Pressler, E. (2011). CSRP's impact on low - income preschoolers' preacademic skills：self - regulation as a mediating mechanism. *Child Development*, 82 (1), 362 - 378.

[12] Meichenbaum, D. , & Cameron, R. (1973). Stress inoculation：A skills training approach to anxiety management. Unpublished manuscript, University of Waterloo.

[13] Binder, L. M. , Dixon, M. R. , Ghezzi, P. M. (2000). A procedure to teach self - control to children with attention deficit hyperactivity disorder. *Journal of Applied Behavior Analysis*, 33 (2), 233 - 237.

［14］ Rueda, M. R. , Posner, M. I. , Rothbart, M. K. （2011）. Attentional control and self – regulation. In: Baumeister RF, Vohs KD, editors. *Handbook of self regulation: Research, theory, and applications.* 2nd. New York, NY: Guilford Press, 284 – 299.

［15］ Traci. M. , & Andrew, W. （2007）. Attention, self – control, and health behaviors. *Copyright Association for Psychological Science*, 16（5）, 280 – 283.

［16］ Eisenberg, N. , Fabes, R. A. , Nyman, M. , Bernzweig, J. , & Pinuelas, A. （1994）. The relations of emotionality and regulation to children's anger – related reactions. *Child Development*, 65（1）, 109 – 128.

［17］ Botvinick, M. M. , Braver, T. S. , Barch, D. M. , Carter, C. S. , & Cohen, J. D. （2001）. Conflict monitoring and cognitive control. *Psychological Review*, 108（3）, 624 – 652.

［18］ Rueda, M. R. , Rothbart, M. K. , McCandliss, B. D. , Saccomanno, L. , & Posner, M. I. （2005）. Training, maturation, and genetic influences on the development of executive attention. *Proceedings of the National Academy of Sciences*, USA, 102（41）, 14931 – 14935.

［19］ Burgess, P. W. , Simons, J. S. （2005）. Theories of frontal lobe executive function: clinical applications. In: *Effectiveness of Rehabilitation for Cognitive Deficits, ed. PW Halligan, DT Wade*, 211 – 31. New York: Oxford University Press.

［20］ Diamond, A. , Lee, K. （2011）. Interventions shown to aid executive function development in children 4 to 12 years old. *Science*, 333（6045）, 959 – 964.

［21］ Bergman, N. S. , Söderqvist, S. , Bryde, S. , Thorell, L. B. , Humphreys, K. , Klingberg, T. （2011）. Gains in fluid intelligence after training non – verbal reasoning in 4 – year – old children: a controlled, randomized study. *Developmental Science*, 14（3）, 591 – 601.

［22］ Thorell, L. B. , Lindqvist, S. , Bergman, N. , Bohlin, G. , & Klingberg, T. （2009）. Training and transfer effects of executive functions in preschool children. *Developmental Science*, 12（1）, 106 – 113.

［23］ Holmes,J. , Gathercole, S. E. , & Dunning, D. L. （2009）. Adaptive training leads to sustained enhancement of poor working memory in children. *Developmental Science*, 12（4）, 9 – 15.

［24］ Karbach, J. , & Kray, J. （2009）. How useful is executive control training? Age differences in near and far transfer of task – switching training. *Developmental Science*, 12 (6), 978 – 990.

[25] Lakes, K. D. , & Hoyt, W. T. (2004). Promoting self – regulation through school – based martial arts training. *Journal of Applied Developmental Psychology*, 25 (3), 283 – 302.

[26] Li – Grining, C. P. , Raver, C. C. , & Pess, R. A. (2011, March). Academic impacts of the Chicago School Readiness Project: Testing for evidence in elementary school. Paper presented at the Biennial Meeting of the Society for Research in Child Development, Montreal, QC, Canada.

[27] 杨丽珠, 沈悦. (2011). 儿童自我控制的发展与促进. 合肥: 安徽教育出版社, 297 – 319.

[28] 胡晓蓉, 范晓玲. (2015). 3 年级小学生自我控制能力的训练课程研究. 硕士学位论文, 湖南师范大学.

[29] 孙大舒, 范晓玲. (2016). 六年级小学生自我控制能力的干预研究. 硕士学位论文, 湖南师范大学.

[30] 李莉, 缪佩君. (2017). 3 ~ 6 岁幼儿情绪调节与自我控制能力的关系及干预研究. 硕士学位论文, 福建师范大学.

[31] 陈萍, 王凤炎. (2014). 初中生自我控制训练的实验研究. 硕士学位论文, 南京师范大学.

[32] 董晓涛. (2018). 蛙泳对 8 ~ 9 岁儿童自我控制能力影响的实验研究. 硕士学位论文, 四川师范大学.

[33] 冀永慧. (2011). 3 ~ 4 岁幼儿自我控制训练活动的实验研究——基于体育活动的设计. 硕士学位论文, 东北师范大学.

[34] 余秀丽. (2017). 小学生自我控制力及团体心理辅导的干预研究——以 S 小学五年级为例. 硕士学位论文, 河南大学.

[35] 李君春 (2005). 暴力攻击型未成年犯自我控制的团体训练研究. 硕士学位论文, 华东师范大学.

[36] Tangney, J. P. , Baumeister, R. F. , & Boone, A. L. (2004). High self – control predicts good adjustment, less pathology, better grades, and interpersonal success. *Journal of Personality*, 72 (2), 271 – 324.

[37] Gerstadt, C. L. , Hong, Y. J. , & Diamond, A. (1994). The relationship between cog-

nition and action：performance of children 3 1/2 − 7 years old on a stroop − like day − night test. *Cognition*，53（2），129 − 153.

［38］ Melara.，R. D.，& Algom，D.（2003）. Driven by information：A tectonic theory of Stroop effects. *Psychological Review*，110（3），422 − 471.

［39］ Vijayakumar，N.，Whittle，S.，Yücel，M.，Dennison，M.，Simmons，J.，& Allen，N. B.（2014）. Thinning of the lateral prefrontal cortex during adolescence predicts emotion regulation in females. *Social Cognitive & Affective Neuroscience*，9（11），596 − 604.

第七章

学前儿童自我控制与社会适应的关系研究

第一节　社会适应与学校适应概述

一、社会适应

　　适应（adaption）一词被广泛使用，但没有一个统一的界定。这一术语最早用于生物学领域，在生物学中适应是指生物体的结构和功能与所处环境的匹配程度，适应是各种生物普遍存在的一种现象。生物学上的适应包含了两种含义，其中一种是指生物体的结构都具有一定的功能，结构和功能存在着对应关系；另一种是指生物体的结构及功能适合于其生存与繁衍。由此可见，生物学上的适应是指生物体的结构和其所对应的功能是否有助于在环境中生存和繁殖。生物对环境的适应包括现象型适应和基因型适应，前者是指生物体根据环境条件的变化或不同而做出相应的行为调整，这种变化不具有遗传特性；后者是需要通过基因的改变来与新环境形成新的反应模式，这种反应模式是自然选择的结果。后来，包括社会学、心理学、文化学、教育学等众多学科都开始广泛使用适应这一概念。

　　社会学上的适应主要是指人们在社会生产实践过程中通过劳动与自然界进行物质交换以及人与人之间形成特定社会关系的过程，其本质是生产力与生产关系的协调一致。文化学上的适应主要指不同文化之间经过长期的接触、联系和交流而做出调整或改变的过程。教育学上的适应则是指受教育者与施教环境之间达成融合匹配的一个过程。心理学上的适应主要是指个体对环境变化的反应或调整，一方面是指人类在生理机能和心理结构上做出长期改变，以适应生存的环境过程，如认知变化等；另一方面是指感觉器官进行短暂调整以适应物理或社会刺激，如暗适应等。心理学上的适应有三个层次，第一个层次是指生物上或生理上的适应，个体为了生存而在生理功能和生理结构上的发展与调整。第二个层次是指心理上的适应，又称为"适应性"（adaptability）。即个体在社会组织、群体或文化经济环境中做出的改变，使其生存、发展和目标做出相应变的能力。第三个层次是社会环境的适应，个体为了融入社会环境而调整自己的行为以符合社会要求或者改变环境以使自身获得更好发展的适应。社会适应则属于个体第三个层次的适应。

社会适应（Social adjustment & Social adaptation）是心理学研究中频繁使用的一个术语，人们似乎对社会适应有一种约定俗成的理解和认识，都在频繁地使用"社会适应"这个术语，但至今没有对社会适应做出明确的界定。社会适应的概念非常宽泛，研究者试图从不同的角度去理解这一概念，所以出现了众多的概念界定。目前来看，对社会适应的界定有三种取向，分别是心理能力取向、心理状态取向以及适应过程取向。倾向于心理能力或品质取向的研究者认为社会适应是个体的一种人格特征，个体在面临压力、应激或困境时，能够调动内在的心理资源和策略应对不利环境（Sanson，Hemphill，& Smart，2004）。倾向于心理状态取向的学者则认为社会适应是个体不断学习或调整自身行为以求与社会要求和规范保持一种平衡或和谐的状态（张春兴，1992；陈会昌等，1995）。倾向于过程取向的学者则认为社会适应是个体与环境动态交互作用的过程，社会环境发生变化时，个体的观念、行为也随之变化，以求与环境相适应（Lukash，2005）。除了上述不同取向的定义之外，有的从生物学的角度来解释，认为社会适应是个体调整自身的生理功能与心理结构达到社会环境的要求；有的是从临床的角度出发，认为社会适应指社会或心理功能失调或受损后的恢复过程；有的是从融入社会环境的角度来描述，认为社会适应是个体学习和掌握社会规范，融入社会环境的过程。总之，社会适应的界定至今众说纷纭，尚无定论。然而，我们从这些众多的定义中不难看出一些共同的内容，即个体调控自己的行为以满足社会环境的要求。

儿童的社会化过程也是一个社会适应的过程，学前儿童进入幼教机构开始接受早期教育，这意味着他们开始逐渐由家庭走向社会，其面临的重要问题之一就是适应社会环境，表现出社会期望的行为，学习和提高社交技能，建立和谐良好的同伴关系。

从研究角度讲，研究者更加关注的是适应的内容，而不是去对适应做定性分类。在儿童社会适应的研究中，研究者们更加关注儿童在特定环境和文化中的社会功能。因此，儿童的社会适应又被界定为在特定环境和文化背景下的社会功能特征（Rothbart & Bates，1998；2006）。儿童通过对社会行为的学习，掌握所处环境和文化中约定俗成的行为举止、道德观念，从而适应所在的社会生活。儿童是否能够很好地适应社会生活，关键在于他们是否能够习得所处环境或文化背景中所期望的功能特质，在一种环境或文化背景中是适应性的功能特质，在另一种环境或文化背景中并不一定是适应的。儿童所习得的功能特质的意义取决于特定社会关系中的期望。

在发展心理学研究中，社会适应一般被当作结果变量来进行分析。研究者一般根据适应结果来判断儿童适应的程度。一般把适应结果划分为积极适应结果和消极适应结果。积极适应结果表现在积极情绪，顺从及与自我有关的行为，和谐的人际互动，良好的人际关系等。消极的适应结果表现正好相反，消极情绪、破坏行为、人际关系冲突等（Bronfenbrenner & Morris，1998）。由于环境和社会的要求不同，在不同的文化环境和不同的年龄阶段，儿童有不同的适应行为表现。

从儿童社会适应的内容来看，研究者一般从人际关系、社会能力或技能、问题行为、儿童自我的主观感受四个方面来评价儿童的社会适应。对不同年龄阶段的儿童，研究者关心的内容不同。婴幼儿期，由于儿童的活动范围非常狭小，主要的交往对象是抚养者。所以研究者主要关注的是儿童与成人的关系以及对成人的顺从行为（Kochanska，Aksan，& Koenig，1995；Spinrad，Eisenberg，& Gaertner et al.，2007），一般将依恋和顺从行为作为儿童社会适应的标志，有研究表明安全依恋与儿童后期的社会适应相关（Gallagher，2002）。当儿童进入学前阶段后，同伴关系、儿童的一般社会能力或技能、问题行为成为儿童社会适应的主要指标。有研究者甚至把社会适应界定为儿童与同伴相处的程度（Crick & Dodge，1994）。这里的同伴相处程度是指儿童发起适应性或有利于社交的社会行为，以及儿童能够抑制不适应行为的程度。一般用同伴接纳程度、对同伴的攻击性程度或同伴交往中的退缩程度来衡量儿童的社会适应。一般社会能力或技能是指儿童的亲社会行为和社交技能，如合作、分享等（Mistry，Biesanz，Taylor et al.，2004；LaFreniere & Dumas，1996），问题行为是从反面来考察儿童的适应状况，一般从内隐行为问题（如，害羞退缩，抑郁，焦虑等）和外显行为问题（如，攻击性，破坏行为，违纪等）两个方面去考察儿童适应不良的行为表现（Chen，Cen，Li，& He，2005；Katz & Windecker – Nelson，2006；Spinrad，Eisenberg，& Gaertner et al.，2007）。进入童年中后期后，儿童进入学校接受正规教育，他们的活动范围越来越大，面临的主要问题是适应学校生活。因此，社会适应在某种意义上等同于学校适应，一般认为在学校中表现出的社会行为结果即为学校适应，都是指学生在学校中的社会功能特征。所以对童年中后期社会适应的大多数研究都与学校环境相联系，研究者们对儿童社会适应的指标关注更为广泛，除了学前阶段所关注的人际关系、一般社会能力和问题行为之外，儿童的主观感受（Lengua，2003）和学业能力或学业成绩也被作为社会适应的指标（Chen，Cen，Li，& He，2005）。自我感知是由儿童自我报告的自我概念、主观感受、心理健康、孤独感以及对自我和学校的感知等（Valeski & Stipek，2001）。学业成就方面的指标来自儿童的学业成绩或一般认知能力的测验成绩，或者教师对儿童学业能力的等级评定（Chen，Cen，Li，& He，2005）。总之，社会适应的内容可以划分为心理适应、学业适应和社交适应。

综上所述，当前有关儿童社会适应的研究中，研究者根据不同年龄阶段儿童的发展任务，在社会适应内容的选择上有所不同。随着儿童年龄和活动范围的增加，其社会适应的内涵也越来越丰富，从早期的亲子依恋和顺从行为，到学前阶段的同伴关系、社会技能以及问题行为，再到学龄阶段的主观感受、心理健康等。当前的研究一般比较关注积极或消极的适应结果，大多数研究都选择问题行为作为儿童社会适应的测量指标。之所以如此，是因为与问题行为相比，有关积极社会行为和儿童的社会能力缺乏被普遍认可的理论构想；另一方面，人们更关注如何避免出现消极的发展结果，因此，研究者投入更多的精力探讨问题行为出现的可能原因或途径。

二、社会适应的理论

二因素理论。早期研究者认为个体的社会适应包括自我满足和社会责任两个方面。即个体在社会环境中要感到自我的心理满足，对自己心理状态能够接纳；另一方面，个体也要满足社会的要求，承担起相应的社会责任。个体只有同时满足两方面的要求才能达到社会适应。如 Greenspan 认为社会适应应包括社会理解与交往技能两个因素。社会理解是指能够理解自我和他人在社会情境中的行为，交往技能则是个体在社交过程中能够妥善解决交往问题的各种技能（Greenspan & Granfield, 1992）。可见，前者是从自我和社会角度来理解社会适应，后者则是从社交角度来理解社会适应。两因素理论基本上都是从自我和社会的角度来认识社会适应，认为个体既要满足内心的需要又要满足社会的要求，在自我和社会之间要保持一种相对的平衡。

多因素理论。多因素理论认为个体的社会适应是一个复杂的结构，应该包括更广泛的内容。其中最有代表性的就是三维度或三因素说。有的认为社会适应应该包括儿童独立掌握社会规范、正确处理人际关系、自我管理三个维度。这种划分最具有代表性。有的认为个体的社会适应应该包括对新环境的适应能力、对陌生人的适应以及与同伴交往的适应。还有的则认为儿童的社会适应应包括学业适应、人际适应和环境适应。总之，每一种划分所强调的侧重点也不同，我们认为这与研究者关注的视角或者重视的内容有关，并不能说明儿童社会适应的本质不同。我们更加倾向于社会适应的内容与儿童的发展阶段有关，处于不同发展阶段的个体，环境对个体的要求不同，个体所接触的社会环境范围也不同。发展的阶段越高，个体社会适应的内涵越丰富。

社会适应的双功能模型。我国学者邹泓等人提出了社会适应的双功能模型（邹泓，余益兵，周晖，刘艳，2012）。该理论模型认为社会适应并非是一个从病理性状态到完好状态的单维度概念，而应该是包含多个内容领域和功能属性的综合体。可以把社会适应划分为积极功能和消极功能两个相对独立的维度，用这两个维度来衡量个体的社会适应状况。可以从以人为中心的角度，按照积极功能和消极功能两个维度的得分把个体划分为高积极适应与高消极适应，即矛盾型的适应个体；低积极适应与低消极适应，即脆弱型的适应个体；低积极适应与高消极适应，即高危型的适应个体；高积极适应与低消极适应，即良好性的适应个体。社会适应的双功能模型的本质是，认为个体既有积极适应的一面，也有消极适应的一面，这两种功能并存。当然，该理论模型主要是基于青少年群体提出，是否具有人群的普适性还有待进一步的检验。

三、学校适应

学校适应（school adjustment）与社会适应类似，也是一个广泛使用却没有达成共识的概念。西方研究者对学校适应和社会适应并未刻意地进行区分，通常情况下都是将二者混用，只是在关注的具体内容上有所区别，除了关注心理适应、行为适应之外，学校适应还更加强调学业适应和学校态度。相对而言，学校适应的内涵更窄一些，特指在学校环境下学生的学业、心理与行为适应状况。社会适应的内涵则更宽泛一些，包含了个体在各种环境下的适应。

西方学者中对学校适应做出代表性界定的当属 Ladd 等人，他们认为学校适应是指学生在学校环境中愉悦地参与学校活动并且取得成功的状况，他们认为学校适应应该包括学业表现、学校态度、学校活动的参与程度以及情感体验（Ladd, Kochenderfer, & Coleman, 1997；Birch & Ladd, 1997）。也有学者认为学校适应应该从生态的角度去考虑，学校适应应该包括学业适应、社会情绪适应以及课堂适应三个方面（Perry & Weinstein, 1998）。我国研究者参照西方学者的定义，也对学校适应做出了界定，例如刘万伦和沃建中（2005）认为，学校适应是指学生在学校中的学业行为、学校参与、情感发展以及人际交往等方面的状况。侯静（2012）认为学校适应是指学生在学校情境中愉快地参与学校活动，在学习、人际交往和情绪适应方面表现成功状况。学校适应更多是作为结果变量出现的，目前研究者主要以心理适应（如自尊、焦虑、抑郁、学校孤独感等）、行为适应（如外显行为问题、社会能力、同伴地位等）、学业适应（学习动机、学业成绩）作为学生学校适应的指标。

四、学校适应的理论

人与环境相互作用的人际模型。Ladd 认为学校适应就是学生在学校背景下愉快地参与学校活动，并在学校中获得成功。儿童之所以出现适应问题，主要是由于儿童的人际关系或者学校环境导致的，所以学校适应既要根据学生的在校表现来界定，也要包括学生对学校的情感和态度，以及学生在学校的投入程度。Ladd 的人际模型主张学校适应应该包括学业表现、学校态度、学校活动的参与程度以及情感体验（Ladd et al. ，1996）。

Sangeeta（1999）在其博士论文中提出了自己的学校适应模型，该模型在 Ladd 学校适应的模型基础上，增加了儿童社会性发展的内容，尤其是同伴关系和师生关系。在其所提出的学校适应模型中，他将学校适应分为学业适应和社会性适应。学业适应包括学生的学业成绩和学习的喜好程度，社会性适应包括了同伴关系、师生关系、社交技能以及对学校的喜爱程度。

不同于 Ladd 等人的学校适应模型，Perry 和 Weinstein（1998）则认为应该从生态系统的视角去认识学生的学校适应，因此，学生的学校适应应该从个体、班级两个层面去考虑，学校适应应该包括学业适应、个体的社会情绪适应以及课堂行为适应。学业成绩和元认知能力是学业适应的具体反映指标，社会性目标、社会信息加工、群组意识、同伴地位和友谊质量则是社会情绪适应的指标。个体在课堂中的注意调节水平、情绪调节能力以及角色行为是课堂行为适应的指标。相比于前两个学校适应模型，Perry 和 Weinstein 的模型则更加强调了课堂行为的适应，关注学生在具体课堂中的学习行为。

我国研究者侯静（2012）对国内的研究进行了总结，她认为学校适应包括六类指标，分别是学校态度、学习适应、人际适应、情绪适应、行为问题和班级参与。学校态度是指学生对学校的喜欢和逃避。学业适应则是指学生的学业成就，通常是以学校开设的主要科目成绩作为学业适应的指标。人际适应则是以同伴关系和师生关系来衡量。情绪适应则包括了学生的孤独感、社交焦虑和满意度等。行为问题则更多是以学生在学校环境中表现出来的问题行为作为指标，一般包括了外显行为问题和内隐行为问题，外显问题是指攻击、违纪等外在表现出来的行为，内隐问题则是指害羞、焦虑等情绪问题。班级参与则是儿童关注以及积极参与、配合班级活动中的表现。

综上，尽管不同的研究者对学校适应的认识和理解不同，但从现有学校适应的内涵来看，基本上都涉及学业、学校态度、人际适应、情绪与行为适应，可以说这五个方面是学校适应的核心内容。在不同的受教育阶段，学生所面临的适应要求不同。因此，这五个方面的适应要求并非在所有学段都要体现。例如，在学前阶段，学业成绩和人际关系就不是儿童学校适应的主要内容，因为学前教育不是以教授知识为主，儿童的同伴交往层次很浅，同伴关系不稳定。因此，我们认为学前儿童的学校适应主要是以情绪适应和行为适应为主。

五、自我控制与社会适应

在发展心理学研究领域内，对自我控制与儿童社会适应关系的研究一般是在气质与社会化的理论框架下展开。自我控制作为一种重要的人格或气质特质，对个体的社会适应有重要影响作用。那么人格或气质特质究竟是如何来影响社会适应的？国内外学者对此进行了总结，目前认为主要有单向作用论、间接效应模型、交互作用模型、动态相互作用模型等（Sanson, Hemphill & Smart, 2004；夏敏，梁宗保，张光珍，邓慧华，2017）。

单向论者认为人格或气质特质对社会性发展具有直接效应。在某种气质特征上处于极端位置的儿童会产生与该气质特征具有较高内在一致性的特定社会行为结果，如高消极情绪的儿童可能会出现较多攻击性等外显行为问题（Liew, Eisenberg, & Reiser, 2004）；高度顺从或抑制控制水平较高的儿童，则会表现出更多的内疚情感和规则遵守行为；具有较高的道德心，高冲动性的儿童则具有更多的违纪、攻击行为（Kochanska, 1997）。在过去很长一段时间内，国内外研究者对各种气质特质与社会适应的直接作用关系进行了广泛研究。

人格或气质特质对社会适应的间接效应模型，既可能是中介效应也可能是调节效应。该模型认为，个体的人格或气质特质通过第三个变量来影响发展结果，或者人格或气质特质的作用受到第三个变量的影响。例如，儿童的气质特征影响环境，环境进而影响儿童的发展结果。通常儿童的气质特征不同，他们从周围的人们那里获得的反应也不一样。愉悦善交际的孩子比忧郁退缩的孩子更容易得到他人的积极回应。一个暴躁爱发脾气的孩子往往遭到父母的惩罚，惩罚增加了其出现攻击行为的可能性。儿童获得的这些反应累积起来对其发展产生重要的影响。如，高消极情绪、低自我控制的儿童更容易引起父母对其严厉、呵责的抚养行为，进而导致儿童表现出更多的外显行为问题（Slagt，Dubas，& Aken，2016）。另一方面，环境变量会调节人格或气质与社会适应行为的关系。儿童因气质差异对外在环境的敏感性不同，一些气质特质在遇到积极的抚养方式时会促成积极的发展结果，而在遇到消极的抚养方式时会导致更加糟糕的社会适应。例如，有研究发现，在低水平害怕或者高冲动性的女孩中，父母严厉的养育方式可以预测其外显行为问题的增加（Leve，Kim，& Pears，2005）。Fabes 等人（1999）的研究揭示了情境在气质特质对社会能力影响中的调节作用，在压力、紧张情境中，高水平自我控制的儿童能够更好地维系社交能力行为，而在放松情境中，不管何种气质的儿童都能做出较为适宜的社交行为。儿童不同气质特质唤起父母采用不同的养育方式，继而进一步影响儿童社会适应。

　　第三个模型是交互作用模型。Thomas 和 Chess 认为气质主要是通过"良好匹配"（goodness – of – fit）来影响发展，良好匹配指的是气质与环境的匹配程度，也就是说，在某种环境下，一些气质特征很"适合"，而另一些则不适合。因此，气质特征与环境要求的高度相容性促进健康的发展，而两者之间的不匹配会阻碍或延缓发展。交互影响包括了多重效应。例如，气质和环境既有单独贡献，又有交互作用。气质和气质之间的交互作用也可能出现；例如，高自我控制能力可以控制不良特质如消极反应性的表达，促进积极的发展结果。儿童较高的自我控制水平和较低的消极情绪性水平一般能够预测后来积极的社会情绪功能，而较低的自我控制水平和较高的消极情绪性水平一般与问题行为和较低的社会能力相联系（Eisenberg，Liew，Pidada，2004）。

　　第四个模型是更为精细的动态相互作用模型。相互作用模型在动态发展过程中看待儿童内在特质与外部环境交互作用，该模型中儿童气质作为儿童内在特质，与父母养育、亲子关系、家庭经济地位等外部环境交互作用共同影响儿童社会适应，要理解发展过程就要对儿童的内在特征和环境特征的持续交互进行分析。因此，儿童的气质、健康状态和认知能力、父母和家庭环境，以及更大范围的社会文化背景一起才能够解释和预测发展路径。在这个模型中，气质通常被看作是一个危险因素或保护性因素。然而，对该理论模型的验证需要大型的长期研究设计和数据收集，并且对统计技术的要求较高，因而实证的研究比较少。

可见，对于人格或气质特质究竟是如何影响儿童社会化过程或社会适应行为这一问题，研究者试图从不同的角度找到答案。研究者根据现有的实证研究与理论分析总结出了一些理论模型。从简单的单向作用模型到复杂的动态相互作用模型，研究者对人格或气质特质与社会适应的关系机制认识越来越深入。目前，人们认为交互模型和相互作用模型对于人格特质与社会化发展过程的解释更易于理解，更为合理，然而，这些理论模型还需要更多文化背景下的实证研究来证实或修正，尤其是相互作用模型还缺少大量的实证研究证据。

从实证研究来看，西方学者在该领域积累了比较丰富的研究成果，不管是对自我控制与社会适应的直接作用关系分析，还是对自我控制、养育环境因素与儿童社会适应复杂作用关系的探讨都开展了大量的研究。目前，西方学者研究得出比较一致的结论是，自我控制是儿童社会适应的保护性因素，自我控制对儿童的社会适应具有促进作用，自我控制能力越强，儿童的社会适应越好，即表现出较强的社交能力、较少的行为问题和情绪问题；反之，则儿童的社会适应不良。除了直接的促进作用之外，儿童的自我控制还能抵消不良教养因素对儿童社会适应造成的负面影响，自我控制能力较强的儿童，在面对惩罚、不一致的教养态度和行为时，并没有表现出适应不良的行为和情绪，而自我控制能力较弱的儿童，在面对这些消极的抚养态度和行为时，出现适应不良行为和情绪的概率则较高。然而，纵观国内研究，虽然我国研究者近些年对自我控制与儿童社会性发展结果的关系越来越关注，但整体上而言，在研究的数量和质量上与国外还有较大的差距。首先，国内缺乏比较系统的追踪研究，追踪研究在系统地揭示儿童心理发展方面有着不容忽视的作用，长期的追踪研究可以厘清儿童自我控制与社会适应行为的动态作用关系，分析二者的准因果关系。它可以帮助研究者从纵向角度系统地研究社会适应、行为发展变化中的规律。儿童的自身特质与外部环境是随时间相互作用、呈动态发展状态。其次，现有国内外研究尚存一些争议。研究者对自我控制与外显问题行为的研究较多，而且现有的结论也比较一致，即自我控制水平越高，儿童的外显问题行为越少。但是自我控制与内隐问题的关系存在着很大争议。有的研究表明努力控制与内隐问题没有显著性关系（Eisenberg et al.，2005；Eisenberg et al.，2009），但有的研究表明努力控制过高可能会增加儿童内隐问题的风险（Hart et al.，1997）。此外，儿童自我控制与社会适应的关系研究缺少本土化的研究。现有研究多半是在西方国家开展的，国内研究者目前处于模仿和改造阶段。中国文化强调人们要自我约束，个体要牺牲自我利益而遵从集体利益，因此，中国儿童从小就被要求克制、自我约束，那么在中国文化背景下，儿童的自我控制与问题行为关系的模式是否与西方一致是一个亟待探讨的问题。自我控制是儿童社会适应的一个重要指示器，而行为问题则是儿童社会适应不良的一个表现，但是二者之间的相互作用关系仍不清楚。因此，继续厘清儿童自我控制与社会适应之间的相互作用关系将有助于深入了解中国早期儿童人格与社会性发展状况。

本章将通过系列的横断和追踪研究，探讨中国儿童自我控制与其社会适应的直接作用关系和动态相互作用关系，丰富国内该领域的研究。

第二节 自我控制与儿童社会适应关系的横断研究

一、研究目的

通过对两个样本的横断研究，分析学前儿童的自我控制与儿童行为问题、社会能力、同伴关系等社会适应指标的相关关系。

二、研究假设

（1）学前儿童的自我控制与行为问题负相关，自我控制能力越强，其外显和内隐行为问题越少。

（2）学前儿童的自我控制与社会能力正相关，自我控制能力越强，其社会能力越好。

（3）学前儿童的自我控制与同伴受欢迎程度正相关，自我控制能力越强，其越受同伴喜爱。

三、研究方法

（一）被试

样本一。被试选自兰州市一所大型幼儿园大、中、小三个年级9个班，共341名儿童，年龄范围在34～74个月，$M_{年龄}$=52.95个月，SD=9.66个月，其中男孩192名（56.3%），女孩149名（43.7%）。其中，小班儿童103名（占30.2%，年龄范围34～57个月，$M_{年龄}$=41.98个月，SD=3.89个月），中班儿童120名（35.2%，年龄范围42～62个月，$M_{年龄}$=52.10个月，SD=3.48个月），大班儿童118名（34.6%，年龄范围45～74个月，$M_{年龄}$=63.51个月，SD=5.66个月）。由儿童的母亲和对全班儿童最为熟悉的主班教师分别填写母亲问卷和教师问卷，由研究人员对儿童进行一对一的Stroop任务和同伴关系测查。共计发放母亲和教师问卷各341份，实际回收的有效母亲问卷296份（占86.8%），教师问卷341分（100%）；共有317名儿童参加了自我控制的Stroop任务的测查和同伴提名。母亲的受教育水平为研究生及以上学历占2.4%，本科学历占25.9%，专科学历占33.3%，高中或中专学历占32%，初中及以下占6.4%，有1名母亲未报告受教育水平。家庭人均月收入在5000元以上的占5.1%，2500～4000元之间的占17.5%，1500～2500元之间的占34.2%，800～1500元之间的占36%，800元及以下的占7.2%，另有10个家庭没有报告家庭收入情况。

样本二。本研究采用整群抽样的方法，从南京市5所幼儿园中选取了

503 名中班儿童作为最初被试，经征得同意，共有 486 名儿童（$M_{年龄}$ = 55.51 个月，SD = 0.18 个月）及其父母参加研究，其中男孩 278 名，女孩 208 名。家庭人均月收入介于 1000~75000 元（Mo = 5000 元）。母亲受教育程度大专以上占 61.74%，其中 15 人未报告受教育程度，父亲受教育程度大专以上占 67.55%，其中 19 人未报告受教育程度。

（二）研究工具

样本一数据的测量工具如下。

自我控制测量。采用 Rothbart（1996）编制的简版儿童行为问卷（CBQ）中的努力控制分量表来测查儿童的自我控制。根据 Rothbart 的理论界定及大多数相关研究中使用该问卷的结果和沿用习惯采用抑制控制（Inhibitory Control）、注意集中（Attentional Focusing）、注意转换（Attention Shifting）、低强度愉悦（Low Intensity Pleasure）以及知觉敏感性（Perceptual Sensitivity）五个子量表来测查儿童的自我控制。抑制控制分量表主要测查儿童在新异或不确定环境中计划或抑制不适宜反应的能力；注意集中主要测查儿童在相关任务上保持注意力的能力；注意转换主要测查儿童把注意力从一个任务转换到另一个任务上的能力；低强度愉悦分量表主要测查儿童对低刺激强度，刺激频率以及低新异或复杂性刺激的高兴和愉悦程度；知觉敏感性分量表主要测查觉察外部低强度或轻微刺激的敏感程度。其中，抑制控制、注意集中、知觉敏感性等三个子分量表分别由 6 个项目组成，低强度愉悦由 8 个项目组成，注意转换由 5 个项目组成，总计 31 个项目。这些分量表都采用 Likert 式 7 点记分，从 1 到 7 表示"非常不符合"到"非常符合"，由儿童的母亲报告。

自我控制的 Stroop 任务测查。自我控制的测查包括三个经典的 Stroop 任务："草雪任务""日夜"任务，"鲁利亚手指游戏"任务。

草雪任务：在儿童的面前放置一块纸板，纸板的左右上方分别有一块白色和绿色的区域。先让儿童确认绿色代表"草"，白色代表"雪"。然后主试告诉儿童，当主试说"草"的时候，儿童用手去指绿色的区域，当主试说"雪"的时候，儿童用手去指白色的区域。等儿童练习确认后，主试随机给儿童发出"草""雪"指令，儿童根据指令用手去指相应的区域。进行 4 组任务以后，主试告诉儿童，这次要反着做，当儿童听到"雪"的时候要用手去指绿色的区域，当听到"草"的时候，要指白色的区域。同样等儿童练习确认后，进行 4 组任务。最后根据儿童的指认情况记分，儿童完全指认正确记 2 分，由错误改为正确记 1 分，完全指认错误或由正确改为错误记 0 分。

日夜任务：给儿童呈现 12 张太阳和月亮的卡片，让儿童确认太阳代表白天，月亮代表黑夜，然后主试邀请儿童做游戏，当主试给儿童呈现太阳卡片的时候，要求儿童说"白天"，呈现月亮图片的时候，要求儿童说"晚上"，等儿童练习确认后，主试给儿童随机呈现 6 张太阳和月亮的图片，要求儿童说出相应的时间。进行 6 组任务后，主试告诉儿童，这次要反着做，当儿童看到太阳图片的时候，要说"晚上"，而不能说"白天"。看到月亮的时候，要说"白天"，等儿童练习确认后，再进行 6 组任务。最后根据儿童的指认情况记分，儿童完全指认正确记 2 分，由错误改为正确记 1 分，完全指认错误或由正确改为错误记 0 分。

鲁利亚手指游戏：邀请儿童参加一个手指游戏。主试把手放在身后，告诉儿童，当主试出 1 个手指的时候，儿童也要用手出 1 个手指，主试出 2 个手指的时候，儿童也要出 2 个手指。等儿童练习确认后，主试用手随机向儿童呈现 5 组任务。然后，主试告诉儿童，这次要反着做，主试出 1 个手指的时候，儿童要出 2 个手指，主试出 2 个手指时，儿童要出 1 个手指。等儿童练习确认后，主试向儿童随机呈现 5 组任务。最后根据儿童的指认情况记分，儿童完全指认正确记 2 分，由错误改为正确记 1 分，完全指认错误或由正确改为错误记 0 分。共有 317 名儿童参加了任务的测查。

社会适应测量。采用 Pianta（1992）编制的儿童早期行为评价量表（教师版和父母版）（Early School Behavior Rating Scale，ESBRS）来测量 3~7 岁儿童的问题行为和社会能力，该问卷由外显问题、内隐问题和社会能力三个分量表组成，父母版共 40 个项目，教师版共有 43 个项目。该量表为 Likert 式 4 点记分，从"1"（几乎从不这样）到"4"（几乎总是这样）分别表示题目陈述与儿童行为的符合程度。由父母和儿童的主班教师分别进行评价。该问卷由梁宗保等人在中国文化背景下进行了修订，信效度良好（梁宗保，张光珍，陈会昌，2011）。

同伴地位测量。采用照片提名法（Sociometric）测查儿童的同伴地位。测查之前，主试用数码相机对班里的每位儿童拍照并编号。然后把每个班的照片制作成幻灯片格式。正式测试时，主试首先给儿童呈现班里的每一位小朋友的照片，让儿童说出照片上小朋友的名字，确保儿童认出照片上的每个小朋友。然后给儿童呈现带有三种表情的图片，分别是高兴（嘴巴上扬），有点高兴（嘴巴平平），不高兴（嘴巴下撇），让儿童指认哪一张图片是表示高兴、有点高兴或不高兴。如果儿童指认错误，主试进行纠正，等儿童确认无误后，在儿童面前分别放三个盒子，每个盒子上贴有三种表情的图片，主试告诉儿童："如果你很喜欢与某个小朋友在一起玩的话，就用手指一下这个高兴的脸；如果你有一点喜欢跟某个小朋友在一起玩的话就指一下这个有点高兴的脸；如果你不喜欢与某个小朋友玩的话就指一下这个不高兴的脸。"在同伴照片评价之前，主试拿出三种食物的图片，分别告诉儿童自己是否喜欢该食物，并让幼儿将之归入三种表情下，以确保幼儿明白每种表情的相应含义。随后主试用便携式计算机给儿童随机呈现其班里小朋友的照片，并用足够的声音和面部表情线索描述任务，让幼儿根据他们喜欢和某个同伴玩的程度，用手去指相应的图片，主试根据儿童的反应进行记录。共有317名儿童参加了同伴提名任务。

儿童同伴地位的记分：喜欢的提名次数/班级参加总人数，有点喜欢提名的次数/班级参加总人数，不喜欢的提名次数/班级参加总人数。同伴地位 =（喜欢的提名次数/班级参加总人数 + 有点喜欢提名的次数/班级参加总人数）－不喜欢的提名次数/班级参加总人数。

样本二数据的测量工具如下。

自我控制的测量。采用 Tangney 及其合作者（Tangney, Baumeister, & Boone, 2004）编制的简版自我控制量表来测量儿童的自我控制能力，共有 13 个题目，采用 Likert 式 5 点记分，从 1 到 5 表示"完全不符合"到"完全符合"。该量表在国内外也应用广泛（Maloney, Grawitch, & Barber, 2012；范伟，钟毅平，李慧云，孟楚熠，游畅，傅小兰，2016），在此量表上得分越高，表示自我控制能力越好。本研究采用简化版量表，并将量表的题目形式改成以儿童父母的口吻来分别进行报告。以该量表所有题目的平均值作为学前儿童自我控制能力方面的得分。在本研究中，母亲问卷的整体内部一致性 Cronbach α 系数为 0.63，父亲问卷的整体内部一致性 Cronbach α 系数为 0.64。这表明该量表在本研究中具有较好的信度。

简版儿童行为问卷 – 抑制控制分量表。儿童行为问卷由 Rothbart 等人编制，用于测查 3~7 岁儿童的气质。问卷包括外向性或活跃性、消极情绪性和努力控制三个大维度，每个大维度下又包含若干子维度。儿童行为问卷在中国被试中使用的结果均表明具有较高的信度和效度。本研究选取努力控制分量表下的抑制控制子量表，该量表为 likert 式 7 点记分，由儿童的父母进行报告，在父亲问卷和母亲问卷中的 Cronbach α 系数分别为 0.76、0.76。儿童自我控制的得分由简版自我控制量表和简版儿童行为问卷抑制控制自量表的分数合成。

社会适应测量。采用儿童社会能力与行为评价量表（Social Competence and Behavior Evaluation Scale，SCBE – 30）（LaFreniere & Dumas，1996）测查儿童的社会能力、外显和内隐行为问题。该问卷包括愤怒攻击（如推搡，踢打，抓咬其他孩子）、敏感合作（如能与其他孩子合作完成任务）、害羞焦虑（如在群体活动中不说话或不与他人交往）三个分量表，共 30 个项目，采用 likert 式 6 点计分，从 1 到 6 表示"从来没有"到"总是这样"，由儿童的主班教师和父母分别进行报告。刘宇等人（刘宇，宋媛，梁宗保，柏毅，邓慧华，2012）在中国被试群体中对该量表进行了修订，结果表明其具有良好的信效度，本研究采用的就是修订后的版本。本研究中，教师和父母报告的愤怒攻击、敏感合作、焦虑退缩三个分量表的 Cronbach α 系数介于 0.77~0.88，说明该问卷在本研究中具有良好的信度。

（三）研究程序

第一步，征求家长意见。利用幼儿园家长会的时间，向家长发放知情同意书并说明本研究的目的和意义。

第二步，培训主试。首先，主试熟读测验手册，统一指导语。其次，主试一对一进行练习。两名主试对全部测验任务进行一对一的练习。最后，进行预测验。根据主试的熟练程度，决定是否需要进一步练习，直到完全熟练为止。

第三步，正式施测。利用家长接送孩子的时间，向家长发放问卷，并详细说明填写问卷的指导语和说明。家长填写完问卷后两周之内把填写完毕的问卷送回主班教师处，最后统一收回。对自我控制的任务测查由主试在幼儿园一间安静的房间里对儿童逐一测试完成。

（四）数据统计与分析

采用 SPSS16.0 统计软件包对数据进行了整理和统计分析。主要使用了描述统计、相关分析与多元线性回归分析等方法。

四、研究结果

尽管样本一和样本二的数据都是关于儿童自我控制与其社会适应的，但由于样本一和样本二所采用的测量工具不同，所以我们在统计分析的时候无法把两个样本的数据合并分析，故而分别进行统计分析。

（一）样本一数据的分析结果

1. 描述性统计结果

对儿童自我控制与社会适应的各变量进行了描述统计分析，结果如表 7-1 所示。

表 7-1 主要变量的描述统计结果

主要变量	总样本		男孩		女孩	
	M	SD	M	SD	M	SD
自我控制（M）	122.33	11.15	120.76	11.31	124.45	10.61
自我控制（E）	9.52	1.96	9.3	2.06	9.8	1.8
外显问题（M）	14.99	3.02	15.44	3.04	14.4	2.89
内隐问题（M）	24.34	4.1	24.39	3.97	24.27	4.29
社会能力（M）	40.21	4.93	39.71	4.83	40.88	5.02

主要变量	总样本		男孩		女孩	
	M	SD	M	SD	M	SD
外显问题（T）	14.06	4.08	14.85	4.29	13.01	3.52
内隐问题（T）	27.61	5.67	27.77	5.93	27.39	5.32
社会能力（T）	30.22	5.12	29.17	4.96	31.65	5.01
同伴地位（E）	0.48	0.29	0.44	0.3	0.53	0.27

注：M表示母亲报告的数据，T表示教师报告的数据，E表示研究人员测查的数据。

2. 自我控制与社会适应的相关分析结果

对学前儿童自我控制与社会适应各指标变量进行了相关分析，其结果如表7-2所示。由表7-2的结果可知，儿童的自我控制与母亲报告的外显行为问题及教师报告的外显、内隐行为问题显著负相关，而与母亲报告的社会能力显著正相关。通过Stroop任务测查的自我控制与母亲报告的外显行为问题显著负相关，与母亲和教师报告的社会能力均显著正相关。

表7-2　儿童自我控制与社会适应的相关分析结果

变　量	1	2	3	4	5	6	7	8	9
1 自我控制（M）	1.00								
2 自我控制（E）	0.16**	1.00							
3 外显问题（M）	-0.15*	-0.13*	1.00						
4 内隐问题（M）	-0.01	-0.09	0.33***	1.00					
5 社会能力（M）	0.47***	0.13*	-0.39***	-0.15*	1.00				
6 外显问题（T）	-0.12*	-0.06	0.34***	0.08	-0.20***	1.00			
7 内隐问题（T）	-0.12*	-0.10	0.11	0.13*	-0.13*	0.36***	1.00		
8 社会能力（T）	0.11	0.20**	-0.19**	-0.19**	0.14*	-0.49***	-0.03	1.00	
9 同伴地位（E）	0.08	-0.04	-0.21***	-0.05	0.11	-0.26***	-0.01	0.22***	1.00

注：*表示$p < 0.05$；**表示$p < 0.01$；***表示$p < 0.001$；以下同。

3. 社会适应对自我控制的回归分析结果

根据表7-2相关分析的结果，儿童自我控制与母亲报告的问题行为和社会能力显著的相关。因此，用多元回归分析进一步考察儿童自我控制与母亲报告的问题行为及社会能力的预测关系。以自我控制为预测变量，问题行为与社会能力为因变量进行多元回归分析。在回归模型中，直接以自我控制的总分为预测指标，以外显和内隐问题行为，社会能力各自的总分为因变量的指标，回归分析的结果见表 7 - 3。

表 7 - 3 母亲报告的儿童社会适应对自我控制的回归分析结果

变 量	母亲报告					
	外显问题		内隐问题		社会能力	
	β	t	β	t	β	t
第一层						
性别	-0.16	-2.63 **	-0.01	-0.11	0.11	1.74 +
第二层						
自我控制（M）	-0.13	-2.20 *	-0.01	-0.17	0.46	8.02 ***
自我控制（E）	-0.09	-1.44	-0.08	-1.24	0.04	0.75

从表 7 - 3 可知，儿童性别能显著负向预测其母亲报告的外显行为问题（$\beta = -0.16$，$p < 0.01$），并且对社会能力的预测也达到了边缘显著（$\beta = 0.11$，$p < 0.10$），男孩比女孩表现出了更多的外显行为问题，女孩则比男孩表现出了更强的社会能力。在控制了性别后，自我控制（M）显著地负向预测其母亲报告的外显问题行为（$\beta = -0.13$，$p < 0.05$），显著正向预测其母亲报告的社会能力（$\beta = 0.46$，$p < 0.001$），但对内隐问题的预测不显著（$\beta = -0.01$，$p > 0.05$）。自我控制（E）对其母亲报告的外显问题行为（$\beta = -0.09$，$p > 0.05$）、内隐问题行为（$\beta = -0.08$，$p > 0.05$）与社会能力（$\beta = 0.04$，$p > 0.05$）的预测均不显著。这说明儿童的自我控制能力越强，其母亲报告的违纪、攻击等外显行为问题越少，而社会能力则越强。

考虑到儿童可能在家庭与学校表现不同，或者母亲和教师对儿童的评价标准不一。因此，采用多元回归分析进一步考察儿童自我控制与教师报告的问题行为与社会能力之间的预测关系。分别以自我控制作为预测变量，以教师报告的问题行为和社会能力为因变量进行了回归模型分析。回归分析的结果见表 7 - 4。

表7-4　教师报告的社会适应对自我控制的回归分析结果

变　量	教师报告					
	外显问题		内隐问题		社会能力	
	β	t	β	t	β	t
第一层						
性别	-0.25	-4.05***	-0.05	-0.82	0.25	4.24***
第二层						
自我控制（M）	-0.09	-1.43	-0.10	-1.57	0.05	0.84
自我控制（E）	-0.01	0.13	-0.06	-0.95	0.15	2.52**

从表7-4的结果可知，性别能显著负向预测教师报告的外显行为问题（$\beta=-0.25$，$p<0.001$），正向预测教师报告的社会能力（$\beta=0.25$，$p<0.001$）。男孩的外显行为问题明显高于女孩，而女孩的社会能力明显好于男孩。在控制了性别因素后，母亲报告的儿童自我控制对教师报告的外显问题（$\beta=-0.09$，$p>0.05$）、内隐问题（$\beta=-0.10$，$p>0.05$）以及社会能力（$\beta=0.05$，$p>0.05$）的预测均不显著。自我控制（E）可以显著正向预测其教师报告的社会能力（$\beta=0.15$，$p<0.01$），但对外显行为问题（$\beta=-0.01$，$p>0.05$）和内隐行为问题（$\beta=-0.06$，$p>0.05$）的预测均不显著。

同样，对儿童自我控制与同伴地位进行了回归分析，回归分析的结果见表7-5。

表7-5　同伴地位对儿童自我控制的回归分析结果

变量	同伴地位	
	β	t
第一层		
性别	0.14	2.28*
第二层		
自我控制（M）	0.09	1.38
自我控制（E）	-0.08	-1.27

由表7-5可知，性别能显著正向预测儿童同伴地位（$\beta=0.14$，$p<$

0.001），相比男孩，女孩更受同伴欢迎。无论是母亲报告的自我控制，还是 Stroop 任务测查的自我控制，对儿童同伴地位的预测都不显著。这可能与学前阶段儿童同伴关系的不稳定有关，在我们进行同伴照片提名的测查中，我们也发现儿童在对同伴提名时受偶然因素的影响比较大，很难对同伴的喜好保持稳定。

（二）样本二数据的分析结果

1. 描述性统计结果

儿童自我控制与社会适应的各变量的描述统计结果见表 7-6。

表 7-6　主要变量的描述统计结果

主要变量	总样本		男孩		女孩	
	M	SD	M	SD	M	SD
自我控制（M）	4.12	0.52	4.05	0.50	4.23	0.51
外显问题（M）	2.46	0.54	2.51	0.54	2.38	0.53
内隐问题（M）	2.19	0.64	2.20	0.63	2.15	0.65
社会能力（M）	3.96	0.66	3.84	0.65	4.13	0.64
外显问题（T）	2.17	0.60	2.27	0.64	2.03	0.51
内隐问题（T）	2.43	0.75	2.43	0.75	2.47	0.76
社会能力（T）	3.63	0.73	3.52	0.74	3.80	0.68

注：括号中的字母表示该变量的测查来源，M 表示母亲报告的数据，T 表示教师报告的数据。

2. 自我控制与社会适应的相关分析结果

对学前儿童自我控制与母亲、教师报告的社会适应各指标变量进行了相关分析，相关分析的结果见表 7-7。由表 7-7 可知，儿童的自我控制与母亲报告的外显、内隐行为问题显著负相关，而与社会能力显著正相关。儿童的自我控制与教师报告的外显行为问题显著负相关，与内隐行为问题相关不显著，与社会能力显著正相关。这说明儿童的自我控制与其社会适应行为存在着较强的共变关系。

表 7 - 7　儿童自我控制与社会适应的相关分析结果

变　量	1	2	3	4	5	6	7
1 自我控制（M）	1.00						
2 外显问题（M）	− 0.51 ***	1.00					
3 内隐问题（M）	− 0.30 ***	0.42 ***	1.00				
4 社会能力（M）	0.56 ***	− 0.30 ***	− 0.37 ***	1.00			
5 外显问题（T）	− 0.22 ***	0.24 ***	− 0.03	− 0.11 *	1.00		
6 内隐问题（T）	0.01	0.03	0.26 ***	− 0.07	− 0.02	1.00	
7 社会能力（T）	0.14 **	− 0.08	− 0.11 *	0.16 ***	− 0.25 ***	− 0.34 ***	1.00

注：* 表示 $p < 0.05$；** 表示 $p < 0.01$；*** 表示 $p < 0.001$；以下同。

3. 社会适应对自我控制的回归分析结果

为了进一步考察儿童自我控制与社会适应的预测关系，我们分别以性别为控制变量，儿童自我控制为预测变量，母亲和教师报告的社会适应各指标为结果变量进行了层次回归分析，回归分析的结果分别见表 7 - 8 和表 7 - 9。

表 7 - 8　母亲报告的社会适应对自我控制的回归分析结果

变　量	母亲报告					
	外显问题		内隐问题		社会能力	
	β	t	β	t	β	t
第一层						
性别	− 0.12	− 2.58 **	− 0.04	− 0.95	0.21	4.62 ***
第二层						
自我控制	− 0.51	− 12.39 ***	− 0.31	− 6.75 ***	0.54	13.95 ***

据表 7 - 8 可知，儿童性别能显著负向预测母亲报告的外显行为问题（$\beta = -0.12$，$p < 0.01$），显著正向预测母亲报告的社会能力（$\beta = 0.21$，$p < 0.001$），但对内隐行为问题的预测不显著（$\beta = -0.04$，$p > 0.05$）。男孩的外显行为问题显著高于女孩，而社会能力则显著低于女孩。在控制了性别因素后，儿童自我控制能显著负向预测母亲报告的外显行为问题（$\beta = -0.51$，$p < 0.001$）和内隐行为问题（$\beta = -0.31$，$p < 0.001$），显著

正向预测母亲报告的社会能力（$\beta = 0.54$，$p < 0.001$）。这个结果说明，儿童的自我控制能力越强，则母亲观察到的违纪、攻击等外显行为问题和害羞、焦虑等内隐行为问题越少，而社会能力则越强。

表 7 - 9　教师报告的社会适应对自我控制的回归分析结果

变　量	教师报告					
	外显问题		内隐问题		社会能力	
	β	t	β	t	β	t
第一层						
性别	− 0.20	− 4.36 ***	0.02	0.46	0.19	4.09 ***
第二层						
自我控制	− 0.19	− 4.09 ***	0.01	0.04	0.11	2.26 *

由表 7 - 9 可知，在控制了性别因素后，儿童自我控制能显著负向预测教师报告的外显行为问题（$\beta = -0.19$，$p < 0.001$），对教师报告的社会能力则能显著正向预测（$\beta = 0.11$，$p < 0.05$），对教师报告的内隐行为问题的预测则不显著（$\beta = 0.01$，$p > 0.05$）。结果表明，在把性别因素排除后，儿童的自我控制能力越强，则教师观察到的违纪、攻击等外显行为问题越少，而合作、助人等亲社会行为则越多。

五、讨论与分析

通过对两个不同样本的横断研究，分析了儿童自我控制与其社会适应的相关关系。为了尽可能保证研究结果的会聚效度，我们采用了不同测量工具、多数据来源的数据收集方法。从整体的研究结果来看，儿童的自我控制对其社会适应行为具有较强的预测作用，自我控制对社会能力等积极的适应行为具有促进作用，而对问题行为等消极的适应结果则具有延缓作用。这些结果与前人的研究（Rydell，Berlin & Bohlin，2003；Liew, Eisenberg & Reiser，2004；Lengua，2002；Eisenberg, Cumberland, & Spinrad et al.，2001）比较一致，我们的研究结果再次证明了自我控制是儿童社会适应的保护性因素，自我控制能力越强，儿童的适应问题越少，适应能力越好。然而，在具体结果上，也存在着不同方法测量的儿童自我控制对不同数据来源的社会适应行为预测不一致的情况。这些问题需要我们针对具体的情况来分析，也可供将来多数据来源和多测量工具的使用借鉴。

无论是在样本一的数据还是样本二的数据中，在母亲报告的数据中，儿童自我控制均能显著地预测外显行为问题与社会能力，这说明虽然样本和测量工具不同，但是从母亲的日常观察来看，儿童的自我控制能力与其违纪、攻击等外显问题和合作、助人等社会能力的确存在着预测关系。但是，对于儿童自我控制与内隐行为问题之间的关系，在两个样本中却出现了不一致的情况，即样本一中儿童自我控制与社会适应预测关系不成立，而在样本二中却成立。一方面，这可能与两个样本中的儿童年龄有关系，样本一的儿童包括了大班、中班和小班儿童，而样本二只包括了中班儿童，像害羞、焦虑等内隐情绪问题在日常生活中很难观察到，尤其是对年幼儿童来说更难。由于样本一中有将近三分之一的小班儿童，可能存在评价不准确的问题。另一方面，对于内隐行为问题的评价本身就比较困难，国内外很多研究发现在不同儿童样本之间或者不同评价者之间经常出现不一致的情况。对于学前儿童来说，他们无法准确报告自己的情绪体验，只能通过主要抚养者来对内隐问题进行报告，然而对于他评来说，内隐问题的线索非常隐蔽，而且比较模糊，评价者可能很难观察到，或者即使观察到也很难判断。在样本一中，教师评价的儿童社会适应数据上，母亲报告的儿童自我控制对外显行为问题、内隐行为问题和社会能力的预测均不显著，Stroop 任务测查的自我控制对外显行为问题和内隐行为问题的预测不显著，但是对社会能力的预测显著。在样本二中，母亲报告的自我控制对外显行为问题和社会能力的预测均显著，但对内隐行为问题的预测不显著。即，在两个样本中，母亲报告的自我控制对教师报告的社会适应的预测出现了不一致的情况。其中可能的一个原因是两个样本使用的测量工具不同，第二个样本使用的自我控制测量工具有两个，而在第一个样本中则只使用了一个工具；另一个原因则可能与样本的组成有关，样本一包括了三个年龄段的儿童，而样本二则只包含一个年龄段的儿童。这些问题都是我们研究中欠考虑的地方。但有一点是比较一致的，两个样本中母亲报告的儿童自我控制对教师报告的内隐行为问题的预测都不显著。对教师和母亲报告的适应结果的预测不一致问题也可能是由于情境因素导致，儿童在家中和幼儿园中的行为表现可能不一致。在幼儿园中，儿童更多是在权威人物的监督下进行集体活动，儿童可能更守"规矩"，许多在家庭中表现的适应问题并没有在幼儿园表现出来；而家庭环境则相对比较宽松，儿童表现出了幼儿园中未"释放"的行为，从而可能被认为具有更多的行为问题。

在同伴提名的同伴地位上，无论是母亲报告的儿童自我控制，还是 Stroop 测查的自我控制对同伴地位的预测作用均不显著。学前阶段，儿童的同伴关系非常不稳定，他们对喜欢或不喜欢的同伴提名很容易受偶然因素的影响，有研究也证实了这一论断（Holloway & Reichhart - Erickson，1989）。尽管同伴关系是儿童社会适应的重要方面，但是至少在学前阶段这一指标还不够稳定，在学龄阶段可以作为社会适应的重要指标。

对于儿童自我控制与社会适应的直接关系，前人已经在这方面进行了很多的研究，大多数研究都证实二者具有线性的预测关系或者叠加的关系，随着年龄的不同，自我控制对儿童社会适应预测关系的强度不同，从学前阶段一直到青少年阶段，儿童自我控制对社会适应的预测力处于中高水平，而且与父母养育方式对儿童社会适应的预测力不相上下，甚至高于父母养育方式（Rothbart & Bate，2006）。

综合来看，本研究的结果表明，儿童的自我控制对不同评价者评定的社会适应具有较高的预测力。在气质与社会适应的直接关系模型中，一般认为处于某些极端气质特征的儿童，会出现与该气质特征具有紧密内在联系的某些适应结果（Sanson，2004；Rothbart & Bate，2006），本研究的结果再一次证明了这一点。此外，我们发现儿童的气质特征对母亲报告的问题行为与社会能力的预测要高于教师报告的问题行为与社会能力。一方面说明了同一来源的数据可能存在着共同方法偏差的问题，也在一定程度上说明了儿童可能在家庭与学校中具有不同的适应行为，其中还有一个原因可能是家庭与学校对儿童的适应行为要求不同导致的。这将是今后研究重点关注的一个方向。当然，在本节的横断研究中也存在着一些不足，例如样本一只选取了一所大型幼儿园，样本的代表性不够广泛。样本一与样本二的测量工具不同，导致数据无法放在同一个模型中分析等问题。我们会在今后的研究中尽可能扩大样本容量，选用简洁、信效度高的统一工具来研究，这样获得的结果更能说明问题。

六、研究结论

横断研究表明，学前儿童的自我控制对适应不良行为，如违纪攻击、害羞退缩等具有延缓作用，而对社会能力等积极的适应行为具有促进作用。

第三节 自我控制与儿童社会适应关系的追踪研究

一、研究目的

（1）通过追踪研究，分析学前儿童自我控制与儿童适应问题之间的动态相互作用关系。

（2）通过追踪研究，分析学前儿童自我控制与儿童适应能力之间的动态相互作用关系。

二、研究假设

（1）儿童自我控制与其问题行为之间存在动态的相互作用关系，即前一个时间点的自我控制能显著预测后一个时间点的问题行为，前一个时间点的问题行为也能预测后一个时间点的自我控制。

（2）儿童自我控制与其社会能力之间存在动态的相互作用关系，即前一个时间点的自我控制能显著预测后一个时间点的社会能力，前一个时间点的社会能力也能预测后一个时间点的自我控制。

三、研究方法

（一）被试

样本一。通过随机整群抽样的方式从苏州市六所幼儿园选取 541 名小班儿童及其父母、主班教师作为本研究的最初被试（$M_{年龄}$ = 49.87 个月，$SD_{年龄}$ = 3.96 个月），其中男孩 295 名（占 54.5%），女孩 243 名（占 44.9%），3 名儿童未报告性别。母亲平均年龄为 31.64（±3.72）岁，受教育程度为高中及以下的占 51.4%，大专及以上学历占 44.6%，其中有 19 名母亲未报告学历；父亲受教育程度大专以上占 49%，其中 23 人未报告受教育程度，家庭人均月收入介于 400~30000 元（Mo = 2000 元）。由儿童的母亲和主班教师分别填写母亲问卷和教师问卷。在第一次测查中，回收的有效父母问卷为 474 份（90.94%），有效教师问卷为 541 份（100%）。在第二次测查中，由于部分被试转园、搬家以及联系方式变更等原因而有不同程度的流失，回收的有效父母问卷为 454 份，流失 20 名（流失率为 4.2%）；回收的有效教师问卷为 507 名，流失 34 名（流失率为 6.28%）。在第三次测查中，回收的有效父母问卷为 438 份，流失 41 名（流失率为 3.5%）；回收的有效教师问卷为 487 名，流失 20 名（流失率为 3.9%）。对流失被试和继续参加研究的被试在自我控制、社会适应等变量做了配对样本 t 检验，均未发现显著差异，说明样本的流失是随机的。

样本二。采用电话招募的方式，从南京市妇幼保健院选取 2006 年 6 月至 2007 年 3 月出生的儿童及其父母作为研究对象。被试筛选条件为：父母双方平均年龄在 18 岁以上；出生时间在 2006 年 6 月至 2007 年 3 月的健康婴儿；婴儿为第一产婴儿；排除先天不足、双胞胎等婴儿。在儿童 2 岁、4 岁和 7 岁的时候，邀请儿童及其父母参加实验室观察和问卷调查。在此期间，由于搬家、更换联系方式等原因存在一定的流失现象。具体而言，有效参加 2 岁实验行为观察的儿童有 280 人；4 岁时参加实验室行为观察的儿童有 303 人，7 岁时参加实验室观察活动的儿童有 194 人，三个时间点均参加的有 138 个家庭。初测时母亲平均年龄为 28.76 岁（SD = 3.53

岁），父亲平均年龄为 31.28 岁（$SD = 4.95$ 岁）。母亲受教育程度在高中及以下的有 38 人（16.9%），大专及本科学历的有 163 人（72.4%），硕士及以上学历的有 22 人（9.8%），未填写 2 人（0.9%）。父亲受教育程度在高中及以下的有 35 人（15.5%），大专及本科学历的有 153 人（68%），硕士及以上学历的有 32 人（14.2%），未填写 5 人（2.2%）。

（二）研究工具

样本一的测查工具如下。

儿童行为问卷（Child Behavior Questionnaire，CBQ）。该问卷由 Roth-bart（1996）编制，问卷包括外向性或活跃性（Extraversion/Surgency）、消极情绪性（Negative affectivity）和努力控制（Effortful control）三个分量表，每个分量表下又包含若干子维度。儿童行为问卷在中国被试中使用的结果均表明具有较高的信度和效度。该量表为 likert 式 7 点记分，本研究采用努力控制分量表来测查儿童的自我控制，由儿童的父母报告。在三年的测查中，努力控制分量表的内部一致性系数分别为：0.75，0.75，0.76，可见努力控制分量表在三年的测量中具有较好的信度。

儿童社会能力与行为评价量表（SCBE）。采用 LaFreniere 和 Dumas（1996）编制的儿童社会能力与行为评价量表对儿童的行为问题和社会能力进行测量。该问卷共 30 个项目，采用 Likert 式 6 点计分，从"1"到"6"表示从"完全不符合"到"完全符合"。该问卷包括愤怒攻击、害羞焦虑和敏感合作三个分量表。由儿童的母亲进行报告。研究者习惯上把愤怒攻击称作外显问题，把害羞焦虑称作内隐问题，而把敏感合作称作社会能力，因此，本研究沿用前人的使用习惯，把三个维度分别命名为外显问题、内隐问题以及社会能力。外显问题在三年的内部一致性系数分别为：0.64，0.74，0.81；内隐问题的内部一致性系数分别为：0.82，0.84，0.88，社会能力的内部一致性系数分别为：0.80，0.81，0.83；说明该量表在本研究中具有非常好的信度。

样本二的自我控制测查任务。

延迟满足任务。该实验范式最初由 Mischel 等人设计（Mischel, Shoda，& Rodriguez，1989），主要用来研究儿童的自我控制。该实验在多种文化的研究中被证实具有良好的信效度，根据中国实际情况及儿童年龄发展对该研究范式做出了做出相应调整和修改。具体程序如下。

儿童 2 岁时：主试带来一张纸和四支彩色画笔，安排儿童坐在小椅子上。给儿童展示画笔，并陪儿童画一会儿。然后告诉儿童"我有事情要出去一会，你先不要画，等我回来你再画"。重复至儿童口头答应或点头，主试走出房间并关上门，1 分钟后回来，告诉儿童可以画了。

儿童 4 岁时：主试带来两种食品，将儿童安置在小椅子上坐下。然后询问儿童更喜欢哪一个，待儿童选出自己喜欢的食物后，主试把该食品分成一份多的和一份少的，告诉儿童"我有事情要出去一会，你先不要吃，等我回来你再吃。如果你等不及的话，就摇一下铃铛，这样我就会回来了，但是这样的话你就只能吃少的这一份。如果你能等到我自己回来的话，你就可以得到多的这一份"，重复至儿童口头答应或点头，主试走出房间并关上门，7 分钟后回来，告诉儿童可以吃了。

儿童 7 岁时：主试带来一个平板电脑和一个铃铛。让儿童坐在小椅子上，打开平板电报给儿童展示上面的游戏，儿童自己选出一个最喜欢的游戏，告诉儿童"我有事情要出去一会，你先不要玩，等我回来你再玩。如果你等不及的话，就摇一下铃铛，这样我就会回来了，但是这样的话你就只能玩一分钟。如果你能等到我自己回来的话，你就可以玩 5 分钟"，重复至儿童口头答应或点头，主试走出房间并关上门。10 分钟后回来，告诉儿童可以玩了。

在每个年龄段的延迟等待过程中都进行摄像记录，同时研究人员从另一侧的单向玻璃中观察儿童，如果儿童画了、吃了、玩了或者摇铃铛，则表明该实验结束。如果儿童等到主试自己回来，即实验最大时长，则表明儿童自我控制水平较高。

最后所得视频由经培训后的 6 名心理学专业的研究生进行编码，采用潜伏时间的比率一致性作为编码信度，该一致性均在 95% 以上。本研究不仅要求儿童在实验过程中不要画画、不要吃掉零食、不要玩游戏，还要求儿童不要触摸诱惑物。因此，本研究在考虑儿童自我控制指标的同时考虑了儿童触摸诱惑物的潜伏时间和任务结束的潜伏时间。自我控制指标为儿童触摸诱惑物和任务结束的时间之平均数。数据分析中，所采用指标为儿童触摸诱惑物的潜伏时间和任务结束的时间之平均数（单位：秒）。

样本二社会适应的测查工具。

儿童 2 岁时：采用 Carter 和 Briggs – Gowan 等人（2003）编制的婴儿 – 学步儿社会情绪量表（The Infant – Toddler Social and Emotional Assessment，ITSEA）考察 2 岁儿童的问题行为，分别以违抗和攻击行为两个维度作为外显问题行为的指标，包含 10 个题目；焦虑和抑郁两个维度作为内隐行为问题的指标来考察儿童的内隐行为问题，共 9 个题目；以掌控动机、能力和亲社会行为作为社会能力的指标，共有 13 个题目。该量表采用 likert 式 3 点计分，0、1、2 分别代表"非常不同意""同意""非常同意"。父母分别报告了儿童的外显和内隐问题，该量表已经在中国文化背景中进行过修订，具有良好的信度和效度，父亲报告的外显和内隐问题的内部一致性系数分别为 0.81 和 0.83，母亲报告的内部一致性系数分别为 0.80 和 0.81。父亲和母亲报告的社会能力的一致性系数分别为 0.71 和 0.73。说明婴儿 – 学步儿社会情绪量表在本研究中具有良好的信度。

儿童 4 岁和 7 岁时：儿童行为核查表（Child Behavior Checklist，CBCL）。采用 Achenbach 编制的行为核查表考察 4 岁和 7 岁儿童的行为问题。抽取量表中 4 岁和 7 岁问卷中违纪和攻击两个维度的题目作为外显问题的指标，包含 27 个题目；抽取问卷 4 岁和 7 岁问卷中抑郁焦虑维度的题目作为内隐问题的指标来考察儿童的行为问题，共 13 个题目。该问卷采用 likert 式 3 点计分，0、1、2 分别代表"非常不同意""同意""非常同意"。该问卷已经在国内外得到广泛应用，具有良好的信效度。4 岁时母亲问卷外显、内隐行为问题内部一致性系数分别为（男孩）0.85、0.81，（女孩）0.76、0.84；父亲问卷外显、内隐行为问题内部一致性系数分别为（男孩）0.86、0.81，（女孩）0.80、0.86。7 岁时母亲问卷外显、内隐问题内部一致性系数分别为（男孩）0.84、0.74，（女孩）0.85、0.82；父亲问卷外显、内隐问题内部一致性系数分别为（男孩）0.84、0.69，（女孩）0.85、0.77。说明儿童行为核查表在本研究中具有良好的一致性。

采用 Hightower 等人（1986）编制的教师－儿童评价量表（The Teacher－Child Rating Scale）用于测量儿童在学校中社会能力的表现，量表共有 38 个项目，主要用来评价儿童在学校期间的社会行为，包括学校适应问题与学校适应能力两个方面。Chen 等人（2011）重新修订了 Hightower 编制的教师－儿童评价量表，在中国被试群体的研究中，根据中国儿童的特点和中国文化背景，在学校适应问题方面增加了同伴欺辱分量表，并在其他维度适当增加了一些题目，修订后的量表更加适合中国文化背景并且体现出良好的信效度。本研究采用了 Chen 等人的版本，共 16 个项目，采用 likert 式 3 点记分，0、1、2 分别表示"不符合""有点符合""非常符合"，得分越高表示社会适应能力越强。4 岁孩子的父亲、母亲报告的 Cronbach α 系数分别是 0.82、0.84，7 岁孩子的父亲、母亲报告的 Cronbach α 系数分别是 0.86、0.86。说明该量表在本研究中具有较好的信度。

（三）研究程序

样本一的研究程序。首先，在正式研究之前，本研究进行了预研究。预研究的主要目的是对部分研究工具在中国文化背景下进行修订和验证。其次，正式研究的样本选取。研究者通过被试所在地妇幼保健机构随机选取了 6 所幼儿园，通过园方向家长发放知情同意书，确定同意参加的人数。其次，培训主试。对承担本研究实测任务的心理学研究生进行了培训，统一指导语。最后，施测。分别在每年春季学期进行一次测查，共进行三次测查。主试向幼儿园教师和保育人员说明本研究的目的，以及问卷指导语和注意事项。主试与主班教师利用家长接送孩子的时间，向家长说明问卷的填写指导语和注意事项，要求家长在两个星期内填写完问卷并交到主班教师处，最后由主试从主班教师处统一收回。

样本二的研究程序。在儿童 6 个月时，通过电话招募的方式，从南京市妇幼保健院随机选取健康的婴儿及家庭作为研究对象。在儿童 2 岁、4 岁和 7 岁的时候邀请儿童及其父母来到实验室，儿童参加实验室观察活动，在研究中儿童主要完成了延迟满足任务，父母在另一边的休息室完成相应问卷。如果父母只来一方，则由其带回请另一方填写完整后在两星期内通过邮寄的方式收回。

（四）数据整理与分析

采用 SPSS16.0 统计软件进行了数据录入与管理，采用描述性统计、相关分析以及结构方程模型的路径分析（M plus7.4）对数据进行了统计分析。

四、研究结果

（一）儿童自我控制与外显问题行为的交叉滞后分析结果

首先，对两个样本自我控制与外显问题行为的描述统计与相关分析结果分别见表 7-10、表 7-11。样本一的自我控制与行为问题均由母亲报告；样本二的自我控制由延迟满足行为观察获得，行为问题由父亲和母亲分别进行报告。

表 7-10　样本一儿童自我控制与外显行为问题的描述性统计及相关分析结果

变量	M	SD	1	2	3	4	5	6
1 T1 自我控制	5.18	0.60	1.00					
2 T2 自我控制	5.21	0.60	0.64***	1.00				
3 T3 自我控制	5.16	0.62	0.50***	0.57***	1.00			
4 T1 外显问题	2.18	0.45	−0.35***	−0.27***	−0.25***	1.00		
5 T2 外显问题	2.08	0.49	−0.26***	−0.38***	−0.27***	0.45***	1.00	
6 T3 外显问题	2.09	0.56	−0.22***	−0.20***	−0.35***	0.32***	0.31***	1.00

注：+ 表示 $p<0.10$；* 表示 $p<0.05$；** 表示 $p<0.01$；*** 表示 $p<0.001$；以下同。

由表 7-10 可知，样本一的数据分析结果表明，第一年的儿童自我控制与第一年、第二年和第三年的外显问题行为均显著负相关，第二年的自我控制与第二年、第三年的外显问题行为也显著负相关，第三年的自我控制与第三年的外显问题行为显著负相关。这说明在整个学前阶段，儿童的自我控制与外显问题行为存在着比较稳定的共变关系。

表 7 - 11　样本二儿童自我控制与外显行为问题的描述性统计及相关分析结果

变　量	M	SD	1	2	3	4	5	6	7	8	9
1 T1 自我控制	13.63	19.53	1.00								
2 T2 自我控制	193.90	149.23	0.20 **	1.00							
3 T3 自我控制	437.41	143.58	0.20 **	0.21 **	1.00						
4 T1 外显问题 F	0.48	0.31	-0.17 **	0.02	-0.05	1.00					
5 T2 外显问题 F	0.34	0.20	-0.21 **	-0.11 +	-0.06	0.47 **	1.00				
6 T3 外显问题 F	0.27	0.17	-0.19 **	-0.08	-0.10	0.28 **	0.57 **	1.00			
7 T1 外显问题 M	0.44	0.31	-0.18 **	0.02	-0.11 +	0.46 **	0.32 **	0.50 **	1.00		
8 T2 外显问题 M	0.29	0.18	-0.15 *	-0.06	-0.18 **	0.30 **	0.44 **	0.42 **	0.37 **	1.00	
9 T3 外显问题 M	0.24	0.15	-0.16 *	-0.08	-0.26 **	0.25 **	0.45 **	0.54 **	0.47 **	0.61 **	1.00

注：M 表示母亲报告的数据，F 表示父亲报告的数据。

由表 7 - 11 可知，样本二儿童 2 岁时的自我控制分别与父亲或母亲报告的儿童 2 岁、4 岁和 7 岁时的外显问题行为均显著负相关，说明 2 岁时的自我控制与当时及后期的外显问题行为具有显著的相关关系。儿童 4 岁时的自我控制仅与儿童 4 岁时父亲报告的外显问题弱相关（边缘显著），与 4 岁和 7 岁时母亲报告的外显问题均相关不显著。儿童 7 岁时的自我控制与儿童 7 岁时父亲报告的外显问题不相关，但与母亲报告的外显问题显著负相关。样本 2 的结果在三个研究时间点上并没有表现出自我控制与外显问题行为的一致相关关系，其中的原因可能比较复杂，我们认为可能存在两个问题：一是样本二的年龄跨度较大，自我控制与问题行为的变异性可能在较长时间里发生了较大变化；二是儿童 2 岁时的外显问题行为的测验工具与 4 岁和 7 岁时不同。

为了进一步探讨儿童自我控制与外显行为问题随时间变化的相互作用关系，本研究采用结构方程模型的路径分析方法进行了交叉滞后分析，结果如图 7 - 1 所示。模型的拟合指数为：$\chi^2 = 34.20$，df = 4，CFI = 0.95，SRMR = 0.04，说明儿童自我控制与外显问题行为的自回归交叉滞后模型与数据拟合良好。由图 7 - 1 可知，在三年追踪期间，自回归系数非常显著，表明儿童的自我控制与外显行为问题比较稳定。第一年的自我控制能显著负向预测第二年外显行为问题（$\beta = -0.15$，$p < 0.001$），第二年的自我控制也能显著负向预测第三年的外显行为问题（$\beta = -0.10$，$p < 0.05$）。从纵向的追踪数据来看，在控制了前一个时间点的自我控制后，儿童自我控制对后一个时间点的外显行为问题的预测均显著，说明自我控制对外显行为问题具有延缓或保护作用。除了自我控制对外显行为问题的预测作用之外，外显问题可能会反过来会影响自我控制。研究结果表明，第一年的外显行为问题对第二年的自我控制具有显著预测作用（$\beta = -0.09$，$p < 0.05$），而第二年的外显行为问题对第三年的自我控制预测不显著（$\beta = -0.05$，$p > 0.05$）。这说明儿童的外显问题行为可能也会对其自我控制产生作用，儿童外显行为问题越多，其后期的自我控制水平可能越低，但这种预测关系并不总是如此。综合来看，学前儿童的自我控制能力与外显行为问题存在着相互作用关系。

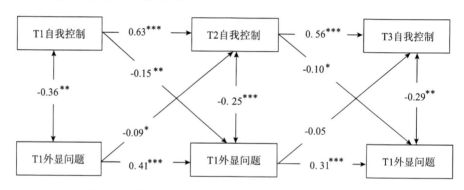

图7-1 样本一自我控制与外显问题的动态相互作用模型

注：$^{*}p < 0.05$，$^{**}p < 0.01$，$^{***}p < 0.001$；实现表示路径系数显著，虚线表示路径系数不显著，以下同。

同样，对样本二儿童的自我控制与外显行为问题进行交叉滞后路径分析的结果见图7-2。该模型拟合指数分别为$\chi^2 = 6.57$，$df = 5$；RMESA = 0.04；CFI = 0.98；SRMR = 0.04，说明模型拟合较好。如图7-2所示，自回归的结果表明通过延迟满足范式测查的儿童自我控制与父亲报告的儿童外显行为问题在三个时间点比较稳定。在控制了儿童2岁时的父亲报告的外显问题后，2岁时的自我控制能显著预测4岁时父亲报告的外显问题，但 4 岁时的自我控制对 7 岁时父亲报告的外显问题行为预测不显著。同样，前测的外显问题对后期的自我控制预测都不显著。

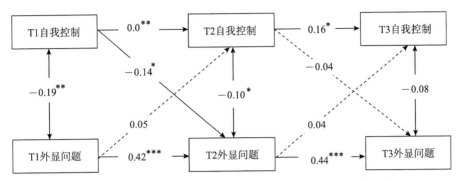

图 7 - 2 样本二自我控制与外显问题（父亲报告）的动态关系模型

注：T 表示时间，F 表示父亲报告，以下同。

同样，对样本二儿童自我控制与母亲报告的外显问题行为的交叉滞后模型分析结果见图 7 - 3。该模型各项拟合指数分别为：χ^2 = 14.74，df = 5；RMESA = 0.08；CFI = 0.92；SRMR = 0.05，说明模型拟合较好。由图 7 - 3 可知，自回归的结果表明母亲报告的儿童外显行为问题在三个时间点上也表现出了较好的稳定性。在控制了儿童 2 岁时母亲报告的外显问题行为后，2 岁儿童自我控制可显著负向预测 4 岁时母亲报告的儿童外显问题（β = -0.12，$p < 0.05$）；在控制了儿童 4 岁时的外显行为问题后，4 岁时的自我控制对 7 岁时母亲报告的外显行为问题预测不显著；在控制了 2 岁时的自我控制后，2 岁时的外显行为问题对 4 岁时的自我控制预测不显著；在控制了 4 岁时的自我控制后，4 岁母亲报告儿童外显问题行为可以显著负向预测儿童 7 岁自我控制（β = -0.21，$p < 0.01$）。这个结果说明儿童的自我控制与母亲报告的外显行为问题之间也存在着相互作用关系，但这种关系并非稳定存在，而是出现在不同的年龄阶段，还有可能与被试群体的年龄跨度和测量工具有一定的关系，需要在今后的研究中进一步验证。

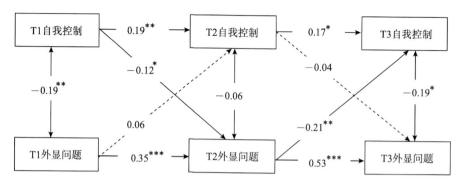

图7-3 样本二自我控制与外显问题（母亲报告）的动态关系模型

注：T 表示时间，M 表示母亲报告，以下同。

（二）儿童自我控制与内隐行为问题的交叉滞后分析结果

同理，对两个样本儿童的自我控制与内隐问题行为的描述统计与相关分析结果如表 7-12 和表 7-13 所示。由表 7-12 可知，样本一儿童第一年的自我控制与其第一年、第二年和第三年的内隐问题行为均显著负相关。儿童第二年的自我控制与第二年、第三年的内隐问题行为显著负相关。这说明儿童的自我控制与内隐问题行为存在着稳定的相关关系。

表7-12 样本一儿童自我控制与内隐行为问题的描述性统计及相关分析结果

变量	M	SD	1	2	3	4	5	6
1 T1 自我控制	5.18	0.60	1.00					
2 T2 自我控制	5.22	0.60	0.64 ***	1.00				
3 T3 自我控制	5.16	0.62	0.50 ***	0.57 ***	1.00			
4 T1 内隐问题	2.17	0.59	-0.21 ***	-0.16 **	-0.09	1.00		
5 T2 内隐问题	2.09	0.57	-0.20 ***	-0.23 ***	-0.17 ***	0.56 ***	1.00	
6 T3 内隐问题	2.12	0.66	-0.17 ***	-0.14 **	-0.25 ***	0.44 ***	0.49 ***	1.00

由表 7-13 可知，在样本二中，儿童 2 岁时的自我控制与其 2 岁、4 岁和 7 岁时父亲或母亲报告的内隐问题行为相关都不显著。儿童 4 岁时的自我控制仅与其 7 岁时母亲报告的内隐问题显著正相关。儿童 7 岁时的自我控制与其 7 岁时母亲报告的内隐问题相关也不显著。样本二数据的相关

分析结果说明，儿童的自我控制与内隐行为问题在三个时间点上的相关都很弱。样本二与样本一的结果不一致，可能与两个样本的年龄跨度以及自我控制的测量方式有关，并且样本二儿童 2 岁时的内隐问题的测量与 4 岁和 7 岁时所采用的量表不同。

表 7 – 13　样本二儿童自我控制与内隐行为问题的描述性统计及相关分析结果

变　量	M	SD	1	2	3	4	5	6	7	8	9
1 T1 自我控制	13.63	19.53	1.00								
2 T2 自我控制	193.9	149.23	0.20**	1.00							
3 T3 自我控制	437.41	143.58	0.20**	0.21**	1.00						
4 T1 内隐问题 F	0.24	0.25	0.07	0.11+	0.06	1.00					
5 T2 内隐问题 F	0.26	0.22	−0.02	0.06	−0.04	0.21**	1.00				
6 T3 内隐问题 F	0.22	0.16	−0.03	−0.08	−0.01	0.21**	0.27**	1.00			
7 T1 内隐问题 M	0.22	0.24	−0.01	0.09	0.06	0.21**	0.41**	0.17**	1.00		
8 T2 内隐问题 M	0.23	0.16	0.01	0.08	−0.02	0.23**	0.44**	0.17**	0.42**	1.00	
9 T3 内隐问题 M	0.24	0.20	0.04	0.14**	−0.07	0.10	0.44**	0.19**	0.39**	0.55**	1.00

注：F 表示父亲报告，M 表示母亲报告。

同样，本研究采用结构方程模型的路径分析方法分别对样本一和样本二儿童的自我控制与内隐行为问题进行了交叉滞后分析，结果分别见图 7 – 4、图 7 – 5 和图 7 – 6。

图 7 – 4 模型拟合的指数分别为：$\chi^2 = 37.40$，df = 4，CFI = 0.95，SRMR = 0.04；$\chi^2 = 60.76$，df = 4，CFI = 0.94，SRMR = 0.06，这说明数据与模型拟合较好。由图 7 – 4 的分析结果可知，内隐行为问题自回归结果表明其具有较好的稳定性。在控制了第一年的内隐行为问题后，第一年的自我控制能显著预测第二年的内隐行为问题（$\beta = -0.10$，$p < 0.05$）；在控制了第二年的内隐行为问题后，第二年的自我控制不能显著预测第三年的内隐行为问题（$\beta = -0.03$，$p > 0.05$）。此外，在控制了自我控制的稳定性后，前测的内隐问题行为均不能预测后测的自我控制。说明儿童的自我控制与内隐问题的相关关系很弱。

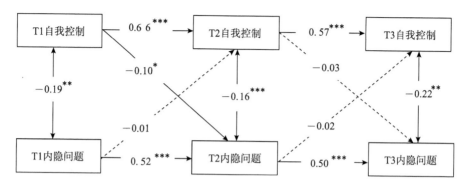

图7-4 样本一儿童自我控制与内隐问题的动态关系模型

图7-5的模型拟合指数分别为：$\chi^2 = 6.40$，df = 5；RMESA = 0.03；CFI = 0.94；SRMR = 0.04，说明模型拟合较好。自回归的结果表明父亲报告的儿童内隐行为问题具有一定的稳定性。在控制了父亲报告的内隐问题行为的稳定性后，仅有儿童4岁时的自我控制能显著预测其7岁时的内隐行为问题（$\beta = -0.17$，$p < 0.05$），而其他路径系数均不显著。这说明从2岁到7岁，仅有儿童4岁时的自我控制对其7岁时的害羞、焦虑等内隐行为问题具有预测作用，而2岁时的自我控制对4岁时的内隐行为问题预测作用不显著。在控制了自我控制后，前一个时间点的内隐行为问题对后一个时间点的自我控制均不能显著预测。这说明自我控制与内隐行为问题可能不存在明显的相互作用关系，仅有学前阶段的自我控制对学龄初期的内隐行为问题有明显预测作用。

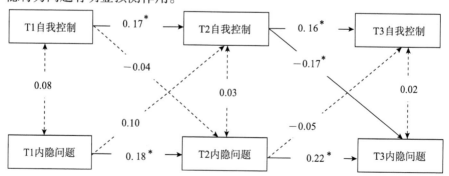

图7-5 样本二儿童自我控制与内隐问题的动态关系模型

同样，儿童自我控制与母亲报告的内隐问题行为的交叉滞后模型的拟合指数分别为 $\chi^2 = 10.60$，$df = 5$；RMESA $= 0.07$；CFI $= 0.93$；SRMR $= 0.04$，这说明模型与数据拟合较好。由图 7 – 6 可知，在控制了母亲报告的儿童内隐问题行为的稳定性后，从 2 岁到 7 岁，儿童自我控制与母亲报告的内隐问题行为之间均不存在显著的预测关系，反之亦然。这进一步说明，儿童的自我控制与其内隐问题行为之间的共变关系不稳定，并且可能受测量方式或工具的影响，需要在今后的研究中进一步验证。

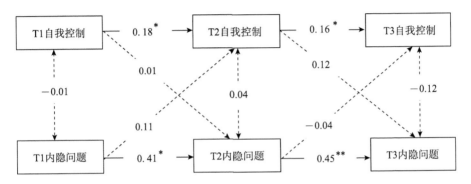

图 7 – 6　样本二儿童自我控制与内隐问题的动态关系模型

（三）儿童自我控制与社会能力的交叉滞后分析结果

对样本一儿童的自我控制与社会能力的描述统计及相关分析结果见表 7 – 14。由表 7 – 14 可知，第一年的自我控制与第一年、第二年和第三年的社会能力均显著正相关，第二年的自我控制与第二年、第三年的社会能力显著正相关，第三年的自我控制与第三年的社会能力也显著正相关。这说明儿童的自我控制与社会能力具有较强的相关关系，自我控制能力越强，儿童表现出的社会能力也越强。

表 7 – 14　样本一儿童自我控制与社会能力的描述性统计及相关分析结果

变量	M	SD	1	2	3	4	5	6
1 T1 自我控制	5.18	0.60	1.00					
2 T2 自我控制	5.22	0.60	0.64***	1.00				
3 T3 自我控制	5.16	0.62	0.50***	0.57***	1.00			

续表

变量	M	SD	1	2	3	4	5	6
4 T1 社会能力	3.75	0.62	0.55 ***	0.46 ***	0.35 ***	1.00		
5 T2 社会能力	3.89	0.62	0.40 ***	0.53 ***	0.36 ***	0.58 ***	1.00	
6 T3 社会能力	3.94	0.68	0.36 ***	0.35 ***	0.55 ***	0.58 ***	0.55 ***	1.00

同理，我们采用结构方程模型的路径分析方法对样本一儿童的自我控制与社会能力进行了交叉滞后分析，模型的拟合指数为：$\chi^2 = 20.76$，df = 4，CFI = 0.94，RMSEA = 0.07，SRMR = 0.06，表明模型与数据拟合较好。如图 7 - 7 所示，在控制了前一个时间点的社会能力之后，儿童的自我控制能够显著预测后一个时间点的社会能力。在控制了第一年的自我控制后，第一年的社会能力能显著正向预测第二年的自我控制，第二年社会能力则对第三年的自我控制预测不显著。这说明自我控制与社会能力之间存在明显的相互作用关系，但相对来说，社会能力对自我控制的预测作用在追踪后期逐渐消失。

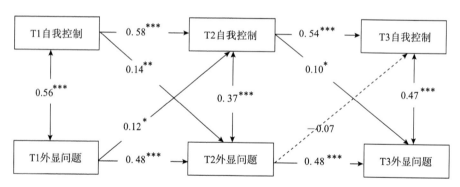

图 7 - 7　样本一自我控制与社会能力的动态关系模型

同样，对样本二儿童的自我控制与社会能力的描述统计及相关分析结果见表 7 - 15。由表 7 - 15 可知，三次测量的自我控制两两相关显著，说明样本二儿童的自我控制的具有较好的相对稳定性。然而，仅有第二个时间点（儿童 4 岁时）测量的儿童自我控制与第三个时间点（儿童 7 岁时）父亲报告的社会能力显著相关，而其他时间点的自我控制与父亲或母亲报告的社会能力相关均不显著。

表 7 – 15　样本二儿童自我控制与社会能力的描述性统计及相关分析结果

变　量	M	SD	1	2	3	4	5	6	7	8	9
1 T1 自我控制	13.63	19.53	1.00								
2 T2 自我控制	193.9	149.23	0.20**	1.00							
3 T3 自我控制	437.41	143.58	0.20**	0.21**	1.00						
4 T1 社会能力 F	0.97	4.45	0.05	0.08	0.06	1.00					
5 T2 社会能力 F	1.21	0.31	−0.05	−0.10	−0.02	0.04	1.00				
6 T3 社会能力 F	1.26	0.34	0.01	0.19*	0.05	0.00	0.60***	1.00			
7 T1 社会能力 M	1.24	0.29	0.12	−0.07	0.16*	−0.09	−0.11	−0.01	1.00		
8 T2 社会能力 M	1.25	0.32	−0.05	−0.08	0.09	0.07	0.42***	0.24**	0.03	1.00	
9 T3 社会能力 M	1.30	0.34	0.01	−0.01	0.04	0.07	0.30***	0.32***	−0.03	0.55***	1.00

注：F 表示父亲报告，M 表示母亲报告。

　　由于三个时间点的自我控制与母亲报告的社会能力之间的相关都不显著，因此无须再进行二者的交叉滞后分析。我们采用结构方程模型的路径分析对儿童自我控制与父亲报告的社会能力进行了交叉滞后分析，模型的拟合指数为：$\chi^2 = 2.80$，df = 4，CFI = 1.00，RMSEA = 0.00，SRMR = 0.03，表明模型与数据拟合非常好。模型结果如图 7 – 8 所示。

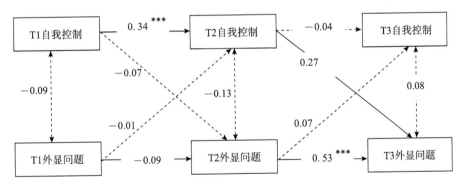

图 7 – 8　样本二自我控制与父亲报告的社会能力的动态关系模型

　　由图 7 – 8 可知，在控制了儿童 2 岁时的社会能力后，2 岁时的自我控制对 4 岁时父亲报告的社会能力预测不显著，在控制了 2 岁和 4 岁时的社会能力后，儿童 4 岁时的自我控制可以显著正向预测儿童 7 岁时父亲报告的社会能力。然而，在控制了前一个时间的自我控制后，父亲报告的社会能力均不能预测后一个时间的儿童自我控制。这说明在样本二儿童的数据中，儿童自我控制与其社会能力之间的相互作用关系并不稳定。一方面可能跟本研究儿童的年龄跨度过大有关系；另一方面可能跟测量工具有关，儿童 2 岁时社会能力的测量工具与 4 岁和 7 岁时的不同。

五、讨论与分析

通过对两个样本的长期追踪研究，本节分析了儿童自我控制与社会适应之间的动态作用关系，以期阐述二者之间的准因果关系。从前人研究文献来看，儿童早期的自我控制对其后期的适应行为具有明显的影响作用。然而，儿童的适应行为是否反过来会影响其自我控制，对于这个问题的回答目前还缺乏足够的实证依据。从理论上来说，一方面，适应不良的儿童会表现出更多的行为问题，这些行为问题长时间地累积会使个体自我控制能力进一步降低，同时表现出更多行为问题的儿童会遭遇到更多的负面反馈，进而导致他们的自我控制能力更差；另一方面，适应良好的儿童，会表现出更好的社交能力，更多的亲社会行为，较高的适应能力又反过来促进了他们遵守规则，约束自我的能力，同时他们也会得到更多积极的反馈，进而促进其行为的管理能力。此外，儿童自我控制与适应行为的相互作用在学前阶段是否稳定存在不得而知。在早期阶段，自我控制对适应行为的影响是否更加稳定，而适应行为对自我控制的修饰作用是否较弱，二者的相互作用是否具有发展的效应。对于这个问题的澄清将有利于人们更好地认识个体气质特质与适应行为之间的共变关系。

在本研究中，样本一的研究对象是 4~6 岁的学前儿童，主要采用了问卷调查的研究方法。样本二的研究对象是 2~7 岁的儿童，其年龄横跨了学步期、学前期和学龄初期，主要采用了延迟满足的实验室行为观察与问卷调查的方法。样本一的研究结果表明，从 4 岁到 6 岁，儿童的自我控制能够稳定地预测其攻击、违纪等外显的行为问题，而外显行为问题对自我控制的预测仅在 4 岁到 5 岁这一阶段存在。尽管外显行为问题并未完全与我们的研究假设一致，但至少说明适应问题与自我控制之间存在着相互作用的关系，只不过这种关系还不够稳定。同样，样本一数据的结果还表明，从 4 岁到 6 岁，儿童自我控制与害羞、焦虑等内隐情绪问题的动态相互作用并不成立，只有儿童的自我控制在 4 岁和 5 岁这一阶段能够明显影响其内隐问题，而内隐问题在整个学前阶段对自我控制的影响可能都不存在。自我控制与社会能力的相互作用分析结果显示，自我控制与社会能力在学前阶段存在着动态相互作用关系。在 4 岁到 6 岁，自我控制可以稳定地预测儿童的社会能力，而社会能力对自我控制的预测作用仅在 4 到 5 岁存在。从样本一数据分析的整体结果而言，自我控制与外显问题、社会能力之间存在着相互影响的关系，而自我控制与内隐问题之间的相互作用关系不存在，自我控制仅对内隐问题存在单向的影响作用，只有儿童 4 岁时的自我控制可以负向预测 5 岁时的内隐问题。尽管样本一的数据结果表明自我控制与外显问题、社会能力之间存在着相互作用的关系，但这种相互作用的关系并非在整个追踪的时间段内都稳定存在，而只在 4 岁到 5 岁这一阶段成立。从样本二的数据分析结果来看，自我控制与父亲和母亲分别报告攻击、违纪等外显行为问题的相互作用关系并不存在，只有儿童 4 岁时的自我控制对其 7 岁时父亲和母亲分别报告的外显行为问题具有单向的预测作用。同样，样本二的数据结果也表明，自我控制与内隐问题、社会能力的相互作用关系也不成立，仅有儿童 4 岁时的自我控制对其 7 岁时父亲报告的内隐问题和社会能力具有单向预测作用。从样本二数据分析的整体结果而言，从学步期（2 岁）到学龄初期（7 岁），自我控制与外显问题、内隐问题、社会能力之间的相互作用关系均不成立，仅有自我控制的单向预测作用。

对于气质特质或人格特质与社会适应行为之间的作用关系，目前主要有四种模型来解释（Sanson，Hemphill & Smart，2004；Rothbart & Bates，2006）。第一种是单向作用论，该理论认为气质特质对社会性行为具有直接影响作用，一些极端气质特质会导致儿童出现行为问题，如高消极情绪、低自控的儿童则更容易出现攻击行为，而高退缩的儿童则更可能出现内隐问题。甚至认为一些极端的气质特质本身就是一种病理性质的行为问题。第二种理论则认为气质特质对个体社会适应行为的影响是间接性的，气质特质通过第三类变量对适应行为起到影响作用。如，儿童气质特质通过教养因素影响其适应行为。第三种则是交互模型，该模型认为气质特质与环境因素相互作用来影响适应行为，主要强调了气质特质与环境的相容程度对适应行为的影响。第四个则是动态交融模型，该模型认为儿童的内在特质和外在环境是随着时间而持续交互从而对其适应行为产生影响的。从理论上来说，不仅仅儿童的气质特质与外在环境存在着动态的交互作用，而气质特质与适应行为之间可能也存在着动态交互作用。

从现有研究来看，这四种模型都获得了不同程度实证研究证据的支持，说明了每种理论可能都有其合理性。我们样本一的研究结果则同时支持了单向作用论，并且部分支持了动态交融模型。而样本二的研究结果则仅支持了单向作用论。那么，为什么自我控制能力强的儿童，会表现出更少的外显行为问题呢？

在 Rothbart（1989）的气质模型中，个体的气质包括反应性系统和自我调节系统，反应性系统是指个体在受到环境刺激以后在生理、情绪、动作等多个层面的反应强度和阈限会有所改变，而自我调节系统则是对反应性的调控过程。自我控制是反应性系统的核心成分，其包含了注意控制和行为调节两个方面。自我控制能力较低的儿童，不可避免地会出现行为调节不良甚至失败的情形，他们对于其他同伴的激惹、逗引的容忍程度较低，对冲动行为的克制有限，所以就会表现出比如攻击、违纪、多动等适应不良行为。无论是样本一的结果，还是样本二的结果都支持了这一理论。在中国本土进行的研究也发现了类似的结果，儿童自我控制和外显问题行为呈显著负相关，同时二者的关系受到父母教养方式的影响，即当父母采用高积极控制时，对于高自我控制的儿童，反而会增加其外显问题行为出现的可能性（邹晓燕，章慧平，2012）。除了问卷调查的研究结果之外，通过延迟满足范式的研究也表明，5 岁儿童的延迟满足能力与其外显行为问题存在显著的负相关（Razza，Martin & Brooks-Gunn，2012）。自我控制对外显问题的影响不仅在学前儿童群体中存在，而且在青少年群体中也普遍存在，例如，对青少年群体的研究发现，个体的自我控制能力低是其攻击、违纪等外显问题的良好预测指标，在延迟满足任务中表现较差的男孩更容易出现外显行为障碍（Razza，Martin & Brooks - Gunn，2012）。反过来，对多动症儿童的研究发现，行为抑制能力缺损是其多动的重要原因（Oosterlaan & Sergeant，1996）。这些研究结果也支持了本研究的结果，自我控制的缺乏的确会导致个体出现冲动、攻击等行为问题。无论是通过问卷调查的研究结果，还是延迟满足的行为观察结果，自我控制都是儿童外显行为问题的有力预测指标。对于男孩来说，表现出较强延迟满足能力的儿童会更加独立，在生活中常被描述为通情达理的、专注的、合作的、谨慎的；而控制不足的男孩更容易被描述为易激惹的、没有耐性的、难于取悦的、有攻击性的。在延迟满足中表现较好的女孩更加独立，常常被描述为聪明的、有能力的；表现较差的女孩在面对压力时更加脆弱、对其他儿童不友好，同时也更容易被其他儿童冒犯、更容易生气和难以取悦（Funder，Block & Block，1983）。这说明，无论是男孩还是女孩，作为自我控制的核心成分，延迟满足能力都是适应能力的保护性因素之一。

本研究的结果以及同类的研究结果都表明了自我控制不足是外显问题行为的风险性因素，但控制过度也可能给儿童造成不必要的麻烦，如愉悦情绪减少等，较好的延迟满足能力则与今后的适应性行为有着密切联系。Eisenberg 及其同事认为有外显问题的儿童几乎在努力控制的各个方面（如行为抑制性和注意控制方面）都表现较差（Funder，Block & Block，1983）。这可能是由于这些儿童缺乏有效的行为控制能力，或者注意和社会认知方面的功能遭到弱化，使得存在外显问题的儿童很难恰当地控制自己的行为（Eisenberg，Valiente，Spinrad，et al.，2009）。从发展的角度来看，随着儿童年龄的增长，他们逐渐需要对自己的行为负责，自我调节能力差的儿童很可能在与同伴或成人的交往中诱发消极反应，进而表现出攻击、违纪等外显问题。意志控制可以帮助儿童根据环境要求，使自己的行为调节到最佳表现，因此自我控制也被视作一种必要的适应功能。高水平自我控制可以帮助儿童根据环境需要适当调整情绪反应。例如，Eisenberg 等人（Eisenberg，Guthrie，Fabes，et al.，2000）的研究也表明，外显问题行为多的儿童在自我控制的各个方面都表现较差（如抑制控制、注意控制），此类功能的缺乏将弱化儿童的注意功能和社会认知技能，可能导致儿童行为控制失调甚至失败，进而表现出违纪攻击等社会适应不良行为。因此在延迟满足任务中自我控制能力低下，可能成为预测攻击和违纪行为的一个风险性因素，而较好的意志控制则与适应性行为相关联。

关于儿童自我控制与内隐问题行为的关系，当前的研究存在着争议，有研究认为自我控制与内隐问题具有负相关，即自我控制较高的儿童，表现出的内隐问题较少（Hart，Hofmann，Edelstein，et al.，1997）。也有研究认为自我控制与内隐问题行为不存在相关（Razza，Martin，& Brooks - Gunn，2012），甚至有人认为过高的自我控制与害羞、退缩等内隐问题存在正相关关系（Krueger，Caspi，Moffitt，et al.，1996）。在本研究中，我们也仅仅发现自我控制对内隐问题的单向预测作用，而且这种预测作用仅仅在样本二中出现。这说明自我控制与内隐情绪问题的关系比较复杂，并不能简单地来回答自我控制对于内隐问题是一种保护性因素还是危险性因素。焦虑、抑郁等内隐问题涉及的是个体内在的情绪问题，更多是一种主观感受和体验，很难通过他人来进行观察和评价。如果个体缺乏对外部压力或应激的调控，则会产生焦虑等情绪体验，控制过多会导致愉悦情绪减少，进而产生抑郁等内隐问题，控制不足可能会导致外显和内隐问题行为。从这个角度来说，自我调节能力不足是导致内隐问题的一个因素。然而，从另一个方面来说，过度的控制和压抑也会使人产生焦虑、抑郁等情绪。内隐情绪问题的产生可能与个体本身的过度控制以及抚养环境的过度保护有关（Rubin，Burgess，& Hastings，2002），气质上过度害怕的儿童在新颖环境中会表现出退缩、焦虑、行为抑制等高唤醒状态。过度唤醒状态下儿童无法利用认知资源，无法集中注意力、控制自己的行为，因而表现出情绪问题。本研究发现自我控制对内隐问题具有负向预测作用，是内隐问题的一个保护性因素。说明至少在学前阶段，儿童对外部刺激的调控能力越好，出现内隐问题的风险越低。

儿童先天的行为与情绪调控能力较强时，在社会环境中面对压力和挑战时，能够克制冲动，较快平复情绪，从而表现出符合社会期望的行为。因此，在社交中容易获得人际成功。国外大型追踪研究结果也佐证了良好的自我控制能力对未来儿童社会能力的积极影响。相比于不能完成延迟满足任务的儿童，能够完成延迟满足任务的儿童在 10 年后更多地被父母描述为社交技巧高、学习能力强、自信可靠等（Funder, Block & Block, 1983; Mischel, Shoda & Peake, 1988）。同样，Block 等人的追踪研究也发现，与不能完成延迟满足任务的儿童相比，能够很好完成延迟满足任务的儿童的表现更冷静、耐受挫折，不易被激怒，同时攻击性弱（Funder, Block & Block, 1983）。上述研究结果可看出，自我控制能力强的儿童有良好的情绪调控能力，故而在人际交往过程表现出不易被激怒、耐受挫折，同时攻击能力弱，这些表现利于缓解人际交往中的矛盾冲突，有利于儿童发展良好的社交技能。这些结果与本研究的结果比较一致，即自我控制能力越强，儿童的社交、合作等社会能力也越好。

对于自我控制与适应问题或适应能力的动态相互作用关系，本研究的结果只是部分支持了动态交互模型，而非完全支持该模型。我们的研究结果发现，儿童自我控制与外显行为问题以及社会能力的动态交互作用关系仅仅在某一个发展阶段成立，而并非在整个追踪期间都成立。这其中的原因可能也比较复杂，一方面可能与儿童的发展阶段有关系，在不同的发展阶段儿童所面临的适应问题不同。4～5 岁是儿童自我控制发展的关键期，随着自我控制能力的逐渐获得，自我控制对适应问题或适应能力的影响逐渐减弱，在四五岁时对适应问题能力的显著预测可能变得不显著；另一方面，可能与我们研究所采用的研究方法以及年龄跨度也有关。在两个样本中，样本一的自我控制与适应行为都采用了问卷调查方法，样本二的自我控制采用了延迟满足方法，而适应行为采用了调查问卷法。样本一儿童是从 4 岁追踪到 6 岁，而样本二儿童则是从 2 岁追踪到 7 岁。相对来讲，样本一儿童自我控制与适应行为的动态相互作用关系模型更好地与数据拟合，而样本二的模型则与数据的拟合不理想。这可能与测量的方法以及年龄跨度有关，其一，实验室延迟满足的行为观察法虽然具有较高的内部效度，但可能外部效度不理想，儿童可能在日常生活中很少面对二择一的选择以及无聊的延迟场景，而我们的适应行为则是通过父母对儿童的日常观察来进行评价，二者之间可能由于测量方式的差别而存在较大的误差。其二，样本二儿童的年龄横跨了学步期、学前期和学龄初期，大跨度的年龄导致了同一个实验范式的测量精度问题，对于 2 岁儿童来说，1 分钟的延迟时间可能都难以容忍，但对 7 岁儿童来说，10 分钟的延迟都可以轻松应对，这对于大龄儿童来说可能会出现测量的"天花板效应"。

尽管本研究存在着测量方法和样本年龄跨度的不足，但也发现了一些有意义的结果，这些结果对丰富该领域的研究具有一定的推动作用。

六、研究结论

（1）问卷调查的追踪研究表明，学前儿童（4～6 岁）的自我控制与其攻击、违纪等外显问题存在着动态相互作用；儿童自我控制与害羞、焦虑等内隐情绪问题的动态相互作用并不成立，只有儿童的自我控制在 4 岁和 5 岁期间能够预测其内隐问题，而内隐问题在整个学前阶段对自我控制的影响可能都不存在。自我控制与社会能力的动态相互作用成立。

（2）Stroop 任务与问卷调查的追踪研究表明，从学步期到学龄初期（2～7 岁），自我控制与父母分别报告攻击、违纪等外显行为问题的相互作用关系并不成立，只有儿童 4 岁时的自我控制对其 7 岁时父母分别报告的外显行为问题具有单向的预测作用；自我控制与内隐问题、社会能力的相互作用关系也不成立，仅有儿童 4 岁时的自我控制对其 7 岁时父亲报告的内隐问题和社会能力具有单向预测作用。

本章参考文献

[1] 张春兴．（1992）．张氏心理学辞典．上海：上海辞书出版社，83.

[2] Sanson, A., Hemphill, S. A., Smart, D. (2004) Connections between temperament and social development: A review. *Social Development*, 13 (1), 142 – 170.

[3] 陈会昌，胆增寿，陈建绩．（1995）．青少年心理适应性量表（APAS）的编制及其初步常模．心理发展与教育，3，28 – 32.

[4] Lukash, E. I. (2005). Attitudes toward the social adaptation of creatively gifted children in Russia and the United States. *Russian Education and Society*, 47 (11), 57 – 70.

[5] Rothbart, M. K., Bates, J. E. Temperament. (1998). In N. Eisenberg (Ed.), W. Damon (Series Ed.), *Handbook of Child Psychology Vol.* 3: *Social*, *Emotional and*

Personality Development (5th ed.). New York: Wiley, 105 – 176.

[6] Rothbart, M. K. , Bates, J. E. Temperament. (2006). In N. Eisenberg (Ed.), W. Damon (Series Ed.), *Handbook of Child Psychology Vol.* 3: *Social, Emotional and Personality Development* (6th ed.). New York: Wiley, 99 – 166.

[7] Bronfenbrenner, U. & Morris, P. (1998). The ecology of developmental processes. In W Damon (Series Ed.), & R M Lerner (Vol. Ed.), *Handbook of child psychology*: *Theoretical models of human development* (5th Ed. , Vol. 1). New York: Wiley, 993 – 1028.

[8] Bronfenbrenner, U. (1989). Ecological systems theory. Vasta R, *Annals of Child De- velopment*, Vol. 6, 187 – 250.

[9] Kochanska, G. , Aksan N. , Koenig A. L. (1995). A longitudinal study of the roots of preschoolers' conscience: Committed compliance and emerging internalization. *Child De- velopment*, 66 (6), 1752 – 1769.

[10] Spinrad, T. L. , Eisenberg, N. , Gaertner, B. et al. (2007). Relations of maternal socialization and toddlers' effortful control to children's adjustment and social compe- tence. *Developmental Psychology*, 43 (5), 1170 – 1186.

[11] Gallagher, K. C. (2002). Does child temperament moderate the influence of parenting on adjustment? *Developmental Review*, 2002, 22, 623 – 643.

[12] Crick, N. R. , Dodge, K. A. , (1994). A review and reformulation of social informa- tion – processing mechanisms in children's social adjustment. *Psychological Bulletin*, 115 (1), 74 – 101.

[13] Mistry, R. S. , Biesanz, J. C. , Taylor, L. C. , et al. (2004). Family income and its relation to preschool children's adjustment for families in the NICHD. *Study of Early Child Care*, 40 (5), 727 – 745.

[14] LaFreniere, P. J. , & Dumas, J. E. (1996). Social competence and behavior evalua- tion in children ages 3 to 6 years: The short form (SCBE – 30). *Psychological Assess- ment*, 8 (4), 369 – 377.

[15] Chen, X. Y. , Cen, G. Z. , Li, D. , He, Y. F. (2005). Social functioning and adjustment in Chinese children: The imprint of historical time. *Child Development*, 76 (1), 182 – 195.

[16] Katz, L. F. , Windecker – Nelson, B. (2006). Domestic violence, emotion coac-

hing, and child adjustment. *Journal of Family Psychology*, Vol. 20 (1), 56 – 67.

［17］Spinrad, T. L., Eisenberg, N., Gaertner, B. et al. (2007). Relations of maternal socialization and toddlers' effortful control to children's adjustment and social competence. *Developmental Psychology*, Vol. 43 (5), 1170 – 1186.

［18］Lengua, L. J., Long, A. C. (2002). The role of emotionality and self – regulation in the appraisal – coping process: tests of direct and moderating effects. *Journal of Applied Developmental Psychology*, 23 (4), 471 – 493.

［19］Valeski, T. N., & Stipek, D. J. (2001). Young children's feeling about school. *Child Develpoment*, 72 (4), 1198 – 1213.

［20］Greenspan, S., Granfield, J. M. (1992). Reconsidering the construct of mental retardations: Implications of a model of social competence. *American Journal on Mental Retardations*, 96 (4), 442 – 453.

［21］邹泓, 余益兵, 周晖, 刘艳. (2012). 中学生社会适应状况评估的理论模型建构与验证. 北京师范大学学报 (社会科学版), (1), 65 – 72.

［22］Ladd, G. W., Kochenderfer, B. J., Coleman, C. C. (1997). Clssroom peet acceptance, friendship, and victimization: Distinct relational systems that contribute uniquely to children's school adjustment? *Child Development*, 68, 1181 – 1197.

［23］Birch, S. H., Ladd, G. W. (1997). The Teacher – child relationship and children's early school adjustment. *Journal of School Psychology*, 1997, 35 (1), 61 – 79.

［24］Perry, K. E., Weinstein, R. S. (1998). The social context of early schooling and children's school adjustment. *Educational Psychologist*, 33 (4), 177 – 194.

［25］刘万伦, 沃建中. (2005). 师生关系与中小学生学校适应的关系. 心理发展与教育, 21, 87 – 90.

［26］侯静. (2012). 学校适应的界定和测量的综述. 首都师范大学学报 (社会科学版), 5, 99 – 104.

［27］Ladd, G. W., Kochenderfer, B. J., Coleman, C. C. (1996). Friendship quality as a predictor of young children's early school adjustment. *Child Development*, 67 (6), 1103 – 1118.

［28］Sangeeta, M. (1999). Social and academic school adjustment during early elementary school. Purdue University, Dissertation Abstracts International, Volume: 62 – 06, Section: B, page: 2975. Major Professor: James Elicker.

［29］夏敏，梁宗保，张光珍，邓慧华. （2017）. 气质与父母养育对儿童社会适应的
交互作用：代表性理论及其证据. 心理科学进展，25（5），837 – 845.

［30］Liew, J. , Eisenberg, N. , Reiser, M. （2004）. Preschoolers' effortful control and
negative emotionality, immediate reactions to disappointment, and quality of social
functioning. *Journal of Experimental Child Psychology*, 89（4），298 – 319.

［31］Kochanska, G. （1997）. Multiple pathways to conscience for children with different
temperaments：from toddlerhood to age 5. *Developmental Psychology*, 33（2），228 –
240.

［32］Slagt, M. , Dubas, J. S. , & Aken, M. A. G. V. （2016）. Differential susceptibility
to parenting in middle childhood：Do impulsivity, effortful control and negative emo-
tionality indicate susceptibility or vulnerability？. *Infant & Child Development*, 25（4），
302 – 324.

［33］Leve, L. D. , Kim, H. K. , & Pears, K. C. （2005）. Childhood temperament and
family environment as predictors of internalizing and externalizing trajectories from ages 5
to 17. *Journal of Abnormal Child Psychology*, 33（5），505 – 520.

［34］Fabes, R. A. , Eisenberg, N. , Jones, S. , et al. （1999）. Regulation, emotionali-
ty, and preschoolers' socially competent peer interactions. *Child Development*, 70（2），
432 – 442.

［35］Eisenberg, N. , Liew, J. Pidada, S. U. （2004）. The longitudinal relations of regula-
tion and emotionality to quality of indonesian children's socioemotional functioning. *Child
Development*, 40（5），790 – 804.

［36］Eisenberg, N. , Sadovsky, A. , Spinrad, T. , et al. （2005）. The relations of prob-
lem behavior status to children's negative emotionality, effortful control, and impulsivi-
ty：concurrent relations and prediction of change. *Developmental Psychology*, 41（1），
193 – 211.

［37］Eisenberg, N. , Valiente, C. , Spinrad, T. , et al. （2009）. Longitudinal relations
of children's effortful control, impulsivity, and negative emotionality to their external-
izing, internalizing, and co – occurring behavior problems. *Developmental Psychology*,
45（4），988 – 1008.

［38］Hart, D. , Hofmann, V. , Edelstein, W. , et al. （1997）. The relation of childhood
personality types to adolescent behavior and development：a longitudinal study of Icelan-

dic children. *Developmental Psychology*, 33 (2), 195 – 205.

[39] Rothbart, M. K. (1996). Children's behaivor questionnaire (standard version), Universityof oregon.

[40] Tangney, J. P. , Baumeister, R. F. , & Boone, A. L. (2004). High self – control predicts good adjustment, less pathology, better grades, and interpersonal success. *Journal of Personality*, 72 (2), 271 – 324.

[41] Maloney, P. W. , Grawitch, M. J. , Barber, L. K. (2012). The multi – factor structure of the Brief Self – Control Scale: Discriminant validity of restraint and impulsivity. *Journal of Research in Personality*, 46 (1), 111 – 115.

[42] 范伟, 钟毅平, 李慧云, 孟楚熠, 游畅, 傅小兰. (2016). 欺骗判断与欺骗行为中自我控制的影响. 心理学报, 48 (7), 845 – 856.

[43] Rydell, A. M. , Berlin, L, Bohlin, G. (2003). Emotionality, emotion regulation, and adaptation among 5 – to 8 – year – old children. *Emotion*, 3 (1), 30 – 47.

[44] Liew, J. , Eisenberg, N. , Reiser, M. (2004). Preschoolers' effortful control and negative emotionality, immediate reactions to disappointment, and quality of social functioning. *Journal of Experimental Child Psychology*, 89 (4), 298 – 319.

[45] Lengua, L. J. , Long, A. C. (2002). The role of emotionality and self – regulation in the appraisal – coping process: tests of direct and moderating effects. *Journal of Applied Developmental Psychology*, 23 (4), 471 – 493.

[46] Holloway, S. D. , Reichhart – Erickson, M. (1989). Child – care quality, family structure, and maternal expectations: Relationship to preschool children's peer relations. *Journal of Applied Developmental Psychology*, 10 (3), 281 – 298.

[47] Mischel, W. , Shoda, Y. , Rodriguez, M. L. (1989). Delay of gratification in children. *Science*, 244 (4907): 933 – 938.

[48] Carter, A. S. , Little, C. , Briggs – Gowan, M. , et al. (2000). The infant – toddler social and emotional assessment (ITSEA): Comparing parent ratings to laboratory observations of task mastery, emotion regulation, coping behaviors, and attachment status Infant. *Mental Health Journal*, 20 (4), 375 – 392.

[49] Hightower, A. D. , et al. (1986). The teacher – child rating scale: A brief objective measure of elementary children's school problem behaviors and competencies. *School Psychology Review*, 15 (3), 393 – 409.

［50］ Chen, X, Y. , Wang, L. , Cao, R, X. （2011）. Shyness – sensitivity and unso-ciability in rural chinese children：Relations with social, school, and psychological ad-justment. *Child Development*, 82 （5）, 1531 – 1543.

［51］ Rothbart, M. K. （1989）. Temperament and development. In G A Kohnstamm, J A Bates, & M K Rothbart （Eds. ）, Temperament in childhood . New York：Wiley, 187 – 247.

［52］ 邹晓燕, 章慧平. （2012）. 努力控制、母亲教养方式对 3 岁儿童外显问题行为的影响研究. 辽宁师范大学学报：社会科学版, 35 （5）, 619 – 625.

［53］ Razza, R. A. , Martin, A. , Brooks – Gunn, J. （2012）. Anger and children's so-cioemotional development：can parenting elicit a positive side to a negative emotion? *Journal of Child & Family Studies*, 21, 845 – 856.

［54］ Oosterlaan, J. , Sergeant, J. （1996）. Inhibition in ADHD, aggressive, and anx-ious children：A biologically based model of child psychopathology. *Journal of Abnormal Child Psychology*, 24 （1）, 19 – 36.

［55］ Funder, D. C. , Block, J. H. , Block, J. （1983）. Delay of gratification：Some lon-gitudinal personality correlates. *Journal of Personality and Social Psychology*, 44 （6）, 1198 – 1213.

［56］ Eisenberg, N. , Valiente, C. , Spinrad, T. L. , et al. （2009）. Longitudinal relations of children's effortful control, impulsivity, and negative emotionality to their external-izing, internalizing, and co – occurring behavior problems. *Developmental Psychology*, 45 （4）, 988 – 1008.

［57］ Eisenberg, N. , Guthrie, I. K. , Fabes, R. A. , et al. （2000）. Prediction of elemen-tary school children's externalizing problem behaviors from attentional and behavioral reg-ulation and negative emotionality. *Child Development*, 71 （5）, 1367 – 1382.

［58］ Hart D, Hofmann V, Edelstein W, et al. （1997）. The relation of childhood person-ality types to adolescent behavior and development：a longitudinal study of Icelandic children. *Developmental Psychology*, 33 （2）, 195 – 205.

［59］ Krueger, R. F. , Caspi, A. , Moffitt, T. E. , et al. （1996）. Delay of gratification, psychopathology, and personality：is low self – control specific to externalizing prob-lems? *Journal of Personality*, 64 （1）, 107 – 129.

［60］ Mischel, W. , Shoda, Y. , Peake, P. K. （1998）. The nature of adolescent competencies predicted by preschool delay of gratification. *Journal of Personality & Social Psychology*, 54 (4), 687 – 696.

[61] Rubin, K. H. , Burgess, K. B. , & Hastings, P. D. (2002). Stability and social – behavioral consequences of toddlers' inhibited temperament and parenting behaviors. *Child Development*, 73 (2), 483 – 495.

学前儿童自我控制的干预对社会适应的促进

第一节 自我控制对社会适应促进的理论基础

一、自我控制的干预对社会适应促进的原理

从公共卫生预防模式的视角来看，对于任何心理疾患或者适应问题的预防和干预来说，其本质就是要将致病或危害的风险性因素最小化，并将其保护性因素最优化。因此，对于社会适应不良的预防或促进，首要问题就是要在实证研究的基础上厘清社会适应的风险性因素和保护性因素，并且找到风险性因素或保护性因素影响社会适应的关键时间窗口。社会适应的预防或促进可以通过对重要发展阶段的关键因素的干预或提升来实现。个体自身、家庭和社会层面的因素很多，这些因素可能在不同的发展阶段所起的作用不同，预防或促进的目标就是要尽可能地减少风险因素的暴露，增强保护性因素或者免疫性因素来降低风险因素的影响。

社会适应是个体融入社会生活的过程中形成的行为和心理状态，体现了个体在心理上与环境的融合程度，包括适应不良行为和适应能力。个体要适应社会，则必须要克制本能冲动、不良情绪、惰性以及暂时性的诱惑，表现出符合社会规范以及长远目标的行为和情绪。即当个人的欲望与社会规范相违背时，为了融入社会，个体必须满足社会规范的要求，要表现出与社会规范或期望相一致的行为，这就势必要对自己的认知、行为和情绪进行有效的控制和管理。因此，自我控制是社会适应的核心保护性因素，缺乏自我控制的个体很难有良好的社会适应结果。通过有效的预防规划来避免儿童适应问题的累积，促进心理健康是提高生命质量和教育效率的最经济途径。在学前阶段，通过促进儿童的自我控制能力，防止攻击行为、社会退缩、情绪问题，不仅有利于儿童当前的发展，而且会减少童年期和青少年期适应问题的发生。

从国内外长期的追踪研究来看，早期自我控制的不足可以预测个体后期诸多适应不良问题或疾病，而较高的自我控制能力则能够正向预测良好

的适应结果，并且能缓解很多适应不良问题。比较有代表性的是 Moffitt 和 Caspi 等人（Moffit et al.，2011）所进行的新西兰达尼丁追踪项目，该项目通过近 30 年的追踪研究，发现儿童早期（2～4 岁）的自我控制可以预测个体在童年期、青少年期以及成年期的诸多适应问题，早期自我控制较高的个体，在童年期表现出更好的学业成绩和更少的行为问题；在青少年阶段出现品行不良行为的概率也较低，物质滥用的情况也较少，而且有更多的人获得了高中文凭；到成年期后，更多的人获得了大学文凭，并且获得了较高的社会经济地位和良好的婚姻关系和社会关系，很少有违法犯罪的记录，甚至罹患免疫系统疾病的概率也很小。反之，早期自我控制不足的个体，则在发展的每个阶段都出现了诸多的适应不良问题，童年期学业成绩差，同伴关系不良，青少年期会出现更多的不良行为，如吸烟、酗酒以及性行为，并且伴随着很多焦虑、抑郁等内隐问题，成年期则社会经济地位低下，人际关系不良，有更高的离婚率，甚至罹患免疫系统疾病的概率也较高。Moffitt 和 Caspi 团队的研究结果对于自我控制在个体适应中的重要作用给出了里程碑式的证据。当然，还有很多其他研究团队也从不同程度证实了自我控制对于儿童社会适应的重要保护作用，例如，有研究发现自我控制对儿童学业成绩和社会适应的预测力甚至高于智商的预测力（Duckworth，Quinn，& Tsukayama，2012）。由于篇幅原因，其他研究成果不再一一列举。众多研究几乎一致表明，自我控制是社会适应的核心保护性因素。

在第二章和第四章中我们已经比较详细地论述了学前阶段是儿童自我控制发展的关键阶段，一方面，前额叶脑区是自我控制的神经中枢，从出生第二年开始，前额叶开始快速发育，个体开始出现自我控制并快速发展，并在学前阶段达到发展的高峰；另一方面，进入学前阶段，儿童开始进入早期教育机构接受教育，面临适应新环境，学会与同伴相处等社会适应问题，自我控制在其社会适应中开始发挥重要作用。对于这部分相关的内容我们也在第七章中进行了详细论述，此处不再赘述。所以，在儿童自我控制发展的关键期和社会适应的重要阶段，通过对自我控制的干预来提升儿童的社会适应能力显得尤为重要。

综上所述，学前阶段是儿童自我控制发展的关键阶段，也是个体社会化的重要阶段。如果在学前阶段通过对儿童自我控制的培养而改变社会化过程中的行为问题，提高社交能力，增强情绪管理能力，将会为培养适应社会发展的健康人才奠定坚实基础。

二、自我控制提升对社会适应促进的研究证据

一般而言，在针对弱势儿童群体社会能力的综合性干预项目中才会涉及通过对某一心理因素或某几个心理因素的干预来评估对社会适应或社会能力的促进作用，而在针对某一心理品质的干预或培养研究中，仅仅是比较某一心理品质干预前后的变化，而很少考虑比较与其密切关联的发展结果的前后变化。在国内外众多的儿童社会适应或社会能力干预项目中，自我控制都被作为一个主要的干预目标。

美国的强大开端项目（Strong start）是比较有代表性的大型综合性干预项目之一，该项目适用于所有学前阶段和学龄初期的儿童，旨在通过系统的社会情绪学习课程来培养儿童的社会情绪能力，主要目的是提高儿童的社会认知能力和社会情绪能力（Strongkids，2010）。社会认知能力的主要目标是通过思维表征、自我调控和计划能力表现出来；社会情感能力则是通过安全感水平和自我管理能力得以体现。该项目把自我控制作为一个重要的干预内容，整个项目的框架中包括自我意识、社会意识、自我管理、人际技能以及负责任的决策能力，其中自我管理的核心就是自我控制。自我管理又分为自我调节能力和情绪调节能力，自我调节能力的培养就是通过注意力训练来提高儿童的执行功能，通过移情训练来提高人际交往中表达恰当的行为，通过自我控制与抑制冲动的训练来增强儿童对情绪的管控能力。在具体的课程内容中，针对自我调节能力，课程中涉及注意训练、放松训练、抑制训练和沟通技巧的训练（如倾听、交谈的身体姿势、目光交流等）。项目的后期评估表明，通过对儿童自我调节的训练，有力地促进了儿童社会情绪能力的发展。

专门针对弱势群体儿童青少年自我控制的干预项目也发现，通过对童年期自我控制的训练干预，可以预防其很多适应问题。例如，Brody 等

人（2013）对低社会经济地位家庭（低于美国联邦贫困线）的 8 岁儿童进行了自我控制技能的干预训练，其研究结果表明经过长期干预的儿童与青少年，不仅自我控制能力在干预后有明显的提升，其适应状况也有了很大的改善，在他们进入青少年晚期后，其抑郁症状、药物依赖、攻击行为都有明显的下降。这说明对于自我控制的干预的确能够促进社会适应。但是，在他们的研究中同时也发现通过自我控制的干预，可能也会带来一些不利于身体健康的负面作用。如，他们发现尽管通过自我控制的训练可以改善儿童青少年的很多行为和情绪适应问题，增强其适应能力，但是这种改善可能仅仅是一种表面上的改善，而在生理层面反而会带来负面影响，他们发现经历过自我控制干预的儿童，在他们进入成年以后，会经历更大的心脏和免疫系统疾病风险，他们的肥胖指数、血压、压力激素、甲肾上腺素和去甲肾上腺素等神经内分泌激素会高于未经过干预的对照组，甚至会加速老化基因的表达，细胞的老化加速或提前。因为对于极端贫困的群体来说，表面上的改善仍然不能填补他们面临的客观社会间隙（Miller，Yu，Chen & Brody，2015）。当然，他们的研究结果目前还没有得到更多的验证，而且这种发现仅限于极端贫困的儿童青少年群体中。

总之，从现有的研究证据来看，对儿童自我控制的干预的确可以改善儿童社会适应。然而，令人遗憾的是这种研究证据还不够充分，尤其是针对中国普通学前儿童群体的研究还非常少。国内的大多数研究要么是通过团体活动对自我控制干预，进而评估自我控制的前后变化，要么通过课程或团体活动来干预社会适应，进而评估社会适应的改善，但很少有通过对自我控制的干预来比较社会适应的前后变化。通过对个体社会适应保护性因素的干预来提高其适应状况是否可行，对于这一问题迫切需要实证研究的答案。因此，本章的研究旨在通过自我控制的干预来评估儿童社会适应的变化，以期为儿童的社会适应和学校适应提供基于人格培养的预防性教育依据与对策。

第二节 自我控制干预对社会适应 促进作用的实证研究

一、自我控制的干预过程及效果

对自我的控制的干预过程和效果，第六章作了详细的介绍，本节仅做简要性的回顾。在第六章的研究中，我们分别在南京市随机选取了两所幼儿园，在每所幼儿园分别选了三个平行的中班儿童，其中第一个班采用认知或行为冲突类的游戏进行干预，第二个班采用基于计算机的注意力游戏干预训练，第三个班作为控制班，按照幼儿园教学计划正常教学。整个干预的总时长是两个多月时间，每天干预一次，每次 15 分钟。经过 10 周的干预训练，我们分别采用问卷评估和行为任务评估的方式对两所幼儿园的六个班儿童进行了前后测比较，结果发现无论是基于冲突类游戏的干预，还是基于计算机的注意力训练，相对于控制班，两所幼儿园的实验班儿童的自我控制能力都有了明显的提升，而且结果有很好的会聚性。母亲和教师前后测评估的问卷，以及行为任务前后测的结果都表明，实验班儿童自我控制显著高于控制班儿童。这说明在自我控制发展的关键阶段，通过恰当的训练是可以提升儿童的自我控制的。

然而，通过对儿童自我控制的训练能否提升其社会适应，即自我控制能力的提升是否可以迁移到儿童的社会化过程中，需要明确的实证证据。在儿童自我控制的干预研究中，我们收集了两所幼儿园实验班和控制班儿童社会适应的前后测数据，通过对社会适应数据的前后测对比分析来验证儿童的社会适应是否会随着自我控制的提升而改善。

二、自我控制干预前后的社会适应比较

在第六章儿童自我控制干预研究的基础上，我们对两所幼儿园的实验班和控制班儿童的社会适应前后测结果进行对比分析，以检验对自我控制

的训练是否可以改善儿童的社会适应状况。

研究对象同第六章。

社会适应的测量工具。采用 LaFreniere 和 Dumas（1996）编制的儿童社会能力与行为评价量表对儿童的行为问题和社会能力进行测量，共 30 个项目，采用 Likert 式 6 点计分，从 1 到 6 表示从"完全不符合"到"完全符合"。该问卷包括外显问题、内隐问题和社会能力三个分量表。由儿童的父亲和母亲分别进行报告。在本研究中，父亲和母亲报告的外显问题前后测内部一致性系数分别为 0.80、0.77、0.80、0.78；内隐问题的内部一致性系数分别为 0.80、0.86、0.86、0.84；社会能力的内部一致性系数分别为 0.85、0.81、0.83、0.80。

首先，我们分别对实验园 A 和实验园 B 的实验班和控制班进行了基线比较，以检验实验班与控制班在外显问题、内隐问题以及社会能力三个社会适应指标上的同质性。单因素方差分析的结果表明，在实验园 A 中，实验班与控制班儿童在母亲报告的前测外显问题（$F_{(1,70)} = 2.40$，$p > 0.05$，$\eta^2 = 0.03$）、内隐问题（$F_{(1,78)} = 0.37$，$p > 0.05$，$\eta^2 = 0.00$）、社会能力（$F_{(1,78)} = 1.29$，$p > 0.05$，$\eta^2 = 0.02$）上均不存在显著的差异；实验班与控制班儿童在父亲报告的外显问题（$F_{(1,76)} = 2.47$，$p > 0.05$，$\eta^2 = 0.03$）、内隐问题（$F_{(1,76)} = 1.04$，$p > 0.05$，$\eta^2 = 0.01$）、社会能力（$F_{(1,76)} = 0.41$，$p > 0.05$，$\eta^2 = 0.00$）也不存在显著差异。在实验园 B 中，实验班与控制班儿童在母亲报告的前测外显问题（$F_{(1,86)} = 0.26$，$p > 0.05$，$\eta^2 = 0.00$）、内隐问题（$F_{(1,86)} = 0.00$，$p > 0.05$，$\eta^2 = 0.00$）、社会能力（$F_{(1,86)} = 0.00$，$p > 0.05$，$\eta^2 = 0.00$）上均不存在显著差异；同样，实验班与控制班儿童在父亲报告的前测外显问题（$F_{(1,84)} = 0.29$，$p > 0.05$，$\eta^2 = 0.00$）、内隐问题（$F_{(1,84)} = 0.32$，$p > 0.05$，$\eta^2 = 0.00$）、社会能力（$F_{(1,84)} = 0.23$，$p > 0.05$，$\eta^2 = 0.00$）也不存在显著差异。这说明，两个实验园的实验班与控制班儿童的社会适应基线水平相同。

为了考察两个实验园的实验班与控制班儿童在自我控制干预的前后，其社会适应水平是否具有明显的提升，我们分别对两个实验园的实验班和控制班儿童的社会适应进行了配对样本 t 检验，实验园 A 母亲和父亲报告的社会适应对比分析的结果分别见表 8 - 1 和表 8 - 2。

由表 8 - 1 可知，对实验园 A 的实验班与控制班儿童母亲报告的社会适应对比分析发现，实验班—儿童母亲报告的外显行为问题的后测平均得分显著高于前测的平均得分（$t_{(26)} = 2.48$，$p < 0.05$），而实验班二和控制班儿童的母亲报告的外显行为问题前后测分数不存在显著的差异（$t_{(24)} = 0.52$，$p > 0.05$；$t_{(25)} = 0.37$，$p > 0.05$）。这说明通过认知或行为冲突类游戏的自我控制干预方法不但能提升学前儿童的自我控制水平，而且能减少儿童的违纪、攻击等外显行为问题，而采用基于计算机的注意力游戏的自我控制训练则对外显行为问题的改善影响并不明显。实验班一、实验班二和控制班前测的内隐问题与后测的内隐问题均不存在显著差异（$t_{(26)} = 0.64$，$p > 0.05$；$t_{(24)} = 0.52$，$p > 0.05$；$t_{(25)} = 0.98$，$p > 0.05$）。这说明无论是认知或行为冲突类游戏干预，还是基于计算机的游戏训练，虽然都可以促进自我控制的提升，但是对于内隐行为的减少没有明显的作用。对于社会能力来说，实验班一、实验班二和控制班的前后测分数也没有发现显著的差异（$t_{(26)} = 1.61$，$p > 0.05$；$t_{(24)} = -0.32$，$p > 0.05$；$t_{(25)} = 0.82$，$p > 0.05$），这说明两种自我控制的干预方法虽然能提升自我控制能力，但对社会能力的增强并不明显。

表 8 - 1　实验园 A 社会适应的前后测比较（母亲报告）

组别	外显问题				内隐问题				社会能力			
	前测		后测		前测		后测		前测		后测	
	M	SD	M	SD	M	SD	M	SD	M	SD	M	SD
实验班一	2.56	0.51	2.39	0.38	4.11	0.55	4.05	0.40	2.23	0.84	2.00	0.60
实验班二	2.40	0.41	2.37	0.42	3.98	0.68	3.89	0.58	2.01	0.62	2.04	0.46
控制班	2.68	0.57	2.64	0.63	3.96	0.56	3.84	0.57	2.32	0.62	2.22	0.37

据表 8 - 2 可知，对实验园 A 的实验班与控制班父亲报告的社会适应进行对比分析发现，实验班一儿童的外显行为问题的后测平均得分显著高于前测的平均得分（$t_{(25)} = 2.26$，$p < 0.05$），而实验班二和控制班儿童的外显行为问题前后测分数差异不显著（$t_{(27)} = 0.33$，$p > 0.05$；$t_{(23)} = 1.34$，

$p > 0.05$）。这说明通过认知或行为冲突类游戏的自我控制干预方法不但能提升学前儿童的自我控制水平，而且能减少儿童的违纪、攻击等外显行为问题，而采用基于计算机的注意力游戏训练的自我控制干预则对外显行为问题的改善影响并不明显。无论是实验班一、实验班二还是控制班儿童的前测的内隐问题与后测的内隐问题差异均不显著（$t_{(25)} = -0.82$，$p > 0.05$；$t_{(27)} = -0.74$，$p > 0.05$；$t_{(23)} = 0.14$，$p > 0.05$）。这说明无论是认知或行为冲突类游戏干预，还是注意力的自我控制干预方法虽然可以促进自我控制的提升，但是对于内隐行为的减少都没有明显的作用。对社会能力来说，实验班一、实验班二和控制班儿童的前后测分数也没有发现显著的差异（$t_{(25)} = 1.91$，$p > 0.05$；$t_{(27)} = 1.94$，$p > 0.05$；$t_{(23)} = -0.91$，$p > 0.05$），这也说明两种自我控制的干预方法虽然能提升自我控制能力，但对社会能力的增强并不明显。

表 8 – 2　实验园 A 社会适应的前后测比较（父亲报告）

| 组别 | 外显问题 | | | | 内隐问题 | | | | 社会能力 | | | |
| | 前测 | | 后测 | | 前测 | | 后测 | | 前测 | | 后测 | |
	M	SD	M	SD	M	SD	M	SD	M	SD	M	SD
实验班一	2.50	0.39	2.37	0.35	3.76	0.62	3.85	0.50	2.27	0.70	2.05	0.43
实验班二	2.53	0.50	2.49	0.50	3.75	0.55	3.84	0.55	2.33	0.44	2.12	0.35
控制班	2.70	0.57	2.56	0.33	3.93	0.73	3.91	0.50	2.17	0.60	2.27	0.37

同样，我们对实验园 B 的实验班与控制班儿童母亲报告的社会适应进行了比较分析（见表 8 – 3），结果表明：对于外显行为问题来说，两个实验班以及控制班的前后测分数均不显著（$t_{(30)} = -0.18$，$p > 0.05$；$t_{(28)} = 0.42$，$p > 0.05$；$t_{(23)} = -0.70$，$p > 0.05$）。对内隐问题来说，实验班一、实验班二和控制班前后测的分数差异也不显著（$t_{(30)} = 1.38$，$p > 0.05$；$t_{(28)} = 0.38$，$p > 0.05$；$t_{(23)} = 1.50$，$p > 0.05$）。对社会能力来说，实验班一、实验班二和控制班前后测的分数也不存在显著差异（$t_{(30)} = -0.62$，$p > 0.05$；$t_{(28)} = 0.06$，$p > 0.05$；$t_{(23)} = -0.92$，$p > 0.05$）。这些结果说明，认知或行为冲突类游戏和注意力干预虽然可以促进实验班儿童的自我控制能力，但是对母亲报告的社会适应的改善并不明显。

表 8 - 3　实验园 B 社会适应的前后测比较（母亲报告）

组别	外显问题				内隐问题				社会能力			
	前测		后测		前测		后测		前测		后测	
	M	SD	M	SD	M	SD	M	SD	M	SD	M	SD
实验班一	2.49	0.56	2.50	0.58	3.83	0.56	3.71	0.51	2.21	0.47	2.27	0.49
实验班二	2.48	0.45	2.45	0.46	3.81	0.59	3.77	0.63	2.16	0.55	2.15	0.56
控制班	2.33	0.56	2.39	0.52	3.80	0.61	3.67	0.41	2.10	0.62	2.19	0.53

同理，对实验园 B 的实验班与控制班儿童父亲报告的社会适应各指标也进行了对比分析（见表 8 - 4），结果表明：对外显问题来说，实验班一儿童前测分数显著高于后测分数（$t_{(27)} = 2.22$，$p < 0.05$），实验班二儿童的前测分数也明显高于后测分数（$t_{(29)} = 2.84$，$p < 0.05$），而控制班儿童的前后测分数差异不显著（$t_{(26)} = 0.31$，$p > 0.05$）。对于内隐问题来说，实验班一、实验班二和控制班儿童的前后测分数均没有显著差异（$t_{(27)} = 0.05$，$p > 0.05$；$t_{(29)} = -0.11$，$p > 0.05$；$t_{(26)} = -0.68$，$p > 0.05$）。对社会能力来说，实验班一、实验班二和控制班儿童的前后测分数差异均不显著（$t_{(27)} = 1.24$ $p > 0.05$；$t_{(29)} = 1.06$，$p > 0.05$；$t_{(26)} = 0.93$，$p > 0.05$）。这些结果说明，通过认知或行为冲突类的游戏干预和基于计算机的注意力干预不但可以促进儿童的自我控制，而且可以减少父亲报告的儿童外显行为问题，但对内隐问题的改善和社会能力的促进作用不明显。

表 8 - 4　实验园 B 社会适应的前后测比较（父亲报告）

组别	外显问题				内隐问题				社会能力			
	前测		后测		前测		后测		前测		后测	
	M	SD	M	SD	M	SD	M	SD	M	SD	M	SD
实验班一	2.60	0.64	2.42	0.55	3.74	0.66	3.73	0.66	2.39	0.59	2.25	0.56
实验班二	2.53	0.45	2.39	0.38	3.72	0.69	3.73	0.66	2.32	0.50	2.24	0.54
控制班	2.47	0.48	2.45	0.45	3.65	0.53	3.74	0.44	2.24	0.40	2.17	0.29

在第六章自我控制干预研究的基础上，本章通过对比分析两个实验幼儿园实验班与控制班儿童在自我控制干预的前后，其社会适应各指标是否也随之发生的变化，旨在说明对学前儿童自我控制的干预训练是否也可以

改善其社会适应。在两个实验幼儿园中，我们分别设置了两个实验班和一个平行控制班，其中实验班一采用认知或行为冲突类游戏对儿童的自我控制进行训练，实验班二采用基于计算机的注意力游戏来对自我控制进行干预训练，而控制班儿童则进行正常的教学或日常活动。两所幼儿园中实验班与控制班社会适应的基线分析结果表明实验班与控制班在外显问题、内隐问题与社会能力上均不存在显著的差异，说明自我控制干预前，实验班与控制班儿童的社会适应水平是相似的。

从实验园 A 的研究结果来看，通过认知或行为冲突类游戏方法进行自我控制训练的实验班儿童（实验班一），其父亲和母亲分别评价的外显行为问题有明显的前后测变化，后测平均分数出现了明显的降低。然而，采用基于计算机的注意力训练的实验班儿童（实验班二），其父母分别评价的外显行为问题没有明显变化。控制班儿童父母分别评价的前后测外显行为问题也没有明显的变化。这说明采用认知或行为冲突类游戏方法对自我控制的训练，不仅能够提高儿童的自我控制水平，而且能够减少儿童攻击、违纪等外显行为问题；而采用基于计算机的注意力训练游戏仅仅能提高儿童的自我控制，但对外显问题的改善不明显。不管是实验班一还是实验班二，父母分别报告的前后测内隐问题和社会能力均没有明显的变化，这说明认知或行为冲突类游戏或基于计算机的注意力游戏干预，虽然能提高儿童的自我控制，但是对于内隐问题的改善或社会能力的提升并没有明显作用。

从实验园 B 的研究结果来看，不管是通过认知或行为冲突类游戏（实验班一），还是基于计算机的注意力游戏的自我控制训练（实验班二），儿童母亲报告的外显行为问题、内隐问题以及社会能力等社会适应指标前后测之间均无明显差别。当然，对于控制班来说，母亲报告的外显行为问题、内隐问题以及社会能力的前后测之间也不存在明显的差别。但对于父亲报告的社会适应指标来看，通过认知或行为冲突类游戏干预与基于计算机注意力训练的两个实验班儿童的外显行为问题在前后测之间有明显的下降，但其内隐问题和社会能力没有明显的变化。当然，控制班儿童父亲报告的外显行为问题、内隐问题和社会能力的前后测之间并无明显差别。这说明通过认知或行为冲突类游戏和基于计算机的注意力游戏对儿童的自我控制进行干预后，父亲观察到儿童的违纪、攻击等外显行为问题明显减少，而母亲观察的外显行为问题没有明显减少，即出现多数据源的结果不一致现象。对于内隐问题与社会能力，不管是父亲报告还是母亲报告的结果都比较一致，即无论采用认知或行为冲突类游戏，还是基于计算机的注意力游戏的干预，儿童的内隐问题和社会能力前后变化都不明显。

　　综上所述，从两所实验幼儿园干预前后的对比结果来看，采用认知或行为类冲突游戏对儿童自我控制进行训练后，相比于控制班，父亲和母亲报告的儿童的违纪、攻击以及破坏性等外显行为问题明显减少；而采用基于计算机的注意力游戏对儿童自我控制进行干预后，相比于控制班，只发现第二个实验园父亲报告的儿童违纪、攻击等外显行为问题有所减少，而母亲报告的外显问题行为并没有明显变化。对于内隐问题和社会能力来说，在两所幼儿园都没有发现自我控制训练方法干预前后的明显变化。

　　整体而言，采用认知或行为冲突类游戏的自我控制训练方法不仅能提升儿童的自我控制，而且对外显问题的改善也有明显的效果。认知或行为冲突类游戏主要是采用了 Stroop 任务的原理，即通过训练儿童对习惯性或优势的认知或动作行为进行抑制，进而执行非优势或不习惯的任务。通过长期的训练，让儿童养成面对任务或刺激时抑制冲动，冷静思考，进而再去做出反应的习惯。抑制控制是儿童自我控制和执行功能的核心成分，个体的很多冲动行为，例如攻击、情绪冲动、暴饮暴食等都是在面对激惹或美食之后，优先启动了情绪"热"系统，而没有去理性分析刺激的性质以及做出冲动行为的后果。经过认知冲突类游戏的训练之后，使得儿童在面对刺激时，先抑制"热"系统的启动，再尽快激发"冷"系统，这样儿童就不会再冲动行事。因此，通过认知或行为冲突类游戏的训练，使儿童能够养成抑制认知或行为冲动，理性思考的习惯，进而把这种自我管理能力迁移到社会生活中，面对同伴的激惹和逗引，能够抑制住情绪冲动，做出恰当的行为，而非攻击等不良行为。所以，通过冲突类游戏任务的训练，可以提高儿童自我控制能力，并且可以改善儿童攻击、违纪等外显行为问题。

基于计算机的注意力游戏训练主要是通过注意的聚焦和转换原理，训练儿童能够持续跟踪目标物，并能根据要求在不同目标物之间灵活切换。对年幼儿童来说，自我调控的一个重要方面就是注意力的转移与切换。当外界需要保持注意力时，儿童能够聚焦注意力；当外界需要儿童灵活转移注意力时，他们能够灵活切换注意力，这种注意的聚焦和转换能够使儿童灵活地应对外界环境或者管理内部的冲突。在本研究中，我们虽然发现通过注意力游戏的自我控制训练可以改善儿童的外显行为问题，但这种结果在父母评价的结果之间并不一致。一方面，可能与父母对儿童的行为问题的评价标准不一致有关，相对于母亲的评价标准，父亲的评价标准可能更加"宽松"，对于同一种行为，父亲比母亲更倾向于认定其为不良行为；另一方面，也可能与样本有关，因为本研究选取的是小样本，难免可能会存在偏差。

对于内隐问题和社会能力来说，通过冲突类游戏或注意力游戏的自我控制干预，都没有发现其在干预前后有明显的改善。一方面，从第七章的研究来看，自我控制与内隐问题之间的关系本身比较模糊，自我控制对内隐问题的影响作用非常弱，而且前人的研究也表明自我控制与内隐问题的关系有时候甚至是矛盾的，有人甚至认为内隐问题就是过度的自我控制而导致的（Krueger, Caspi, Moffitt, et al., 1996）；另一方面，内隐问题是指个体的焦虑、退缩、抑郁倾向等情绪问题，主要是由于对内外刺激过度敏感而导致，其主要与个体的自我调节过程有关，这种调节更多是指向个体内部而非外部。对于学前儿童来说，他们对情绪的调节更多依赖于外部，而内在的情绪调节还很不成熟（Thompson, 1994）。因此，通过提升儿童的自我控制来改善内隐情绪问题，可能在大龄儿童身上效果比较明显，而对学前儿童的作用还不够明显。社会能力是儿童与同伴交往过程中表现出的恰当社交行为和亲社会等行为（Chen & French, 2008）。通常，随着儿童自我控制能力的提高，其在社交活动中会根据社交情境的要求表现出恰当的行为，克制冲动行为，但是自我控制能力迁移到社交活动中需要较长的时间。在本研究中，我们的干预时间不够长可能是导致儿童未能完全把自我控制改善迁移到社交活动中的原因之一。另一个原因可能是，本研究所采用的干预方法对外显的行为问题可能更为适用，而对社会能力的适用性相对欠缺，例如应该设计团体活动类的自我控制干预活动，不仅训练儿童养成抑制冲动，提高调控的灵活性，而且能够把恰当的行为迁移到社交活动中。

三、结论

（1）通过认知或行为冲突类游戏的自我控制训练，不仅可以提升学前儿童的自我控制，而且可以明显改善儿童攻击、违纪等外显行为问题。

（2）通过基于计算机的注意力游戏的自我控制训练，既可以提升儿童的自我控制，也可以减少儿童的外显行为问题。

（3）认知或行为冲突类游戏与基于计算机的注意力游戏的自我控制训练，对儿童内隐问题和社会能力的改善不明显。

本章参考文献

［1］ Moffitt, T. E. , Arseneault, L. , Belsky, D. , Dickson, N. , Hancox, R. J. , Harrington, H. , ... Caspi, A. （2011）. A gradient of childhood self – control predicts health, wealth, and public safety. *Proceedings of the National Academy of Science of the United States of America*, 108 （7）, 2693 – 2698.

［2］ Duckworth, A. L. , Quinn, P. D. , Tsukayama, E. （2012）. What no child left behind leaves behind: The roles of IQ and self – control in predicting standardized achievement test scores and report card grades. *Journal of Educational Psychology*, 104 （2）, 439 – 451.

［3］ Http: //strongkids. uedu. edu/sears. html.

［4］ What is social and Emotional Learning ［EB/OL］. Http: //www. casel. org.

［5］ Brody, G. H. , et al. （2013）. Is resilience only skin deep? Rural African Americans' socioeconomic status – related risk and competence in preadolescence and psychological adjustment and allostatic load at age 19. *Psychological Science*, 24 （7）, 1285 – 1293.

［6］ Miller, G. E. , Yu, T. , Chen, E. , & Brody, G. H. （2015）. Self – control forecasts better psychosocial outcomes but faster epigenetic aging in low – SES youth. *Proceedings of the National Academy of Sciences*, 112 （33）, 10325 – 10330.

[7] LaFreniere, P. J. , & Dumas, J. E. (1996). Social competence and behavior evaluation in children ages 3 to 6 years: The short form (SCBE – 30). *Psychological Assessment*, 8 (4), 369 – 377.

[8] Krueger, R. F. , Caspi, A. , Moffitt, T. E. , et al. (1996). Delay of gratification, psychopathology, and personality: is low self – control specific to externalizing problems? *Journal of Personality*, 64 (1), 107 – 129.

[9] Thompson, R. A. (1994). Emotion regulation: Biological and behavior considerations. *Monographs of the society for research in child development*, 59 (2 – 3), 25 – 52.

[10] Chen, X. , French, D. C. (2008). Children's social competence in cultural context. *Annual Review of Psychology*, 59, 591 – 616.